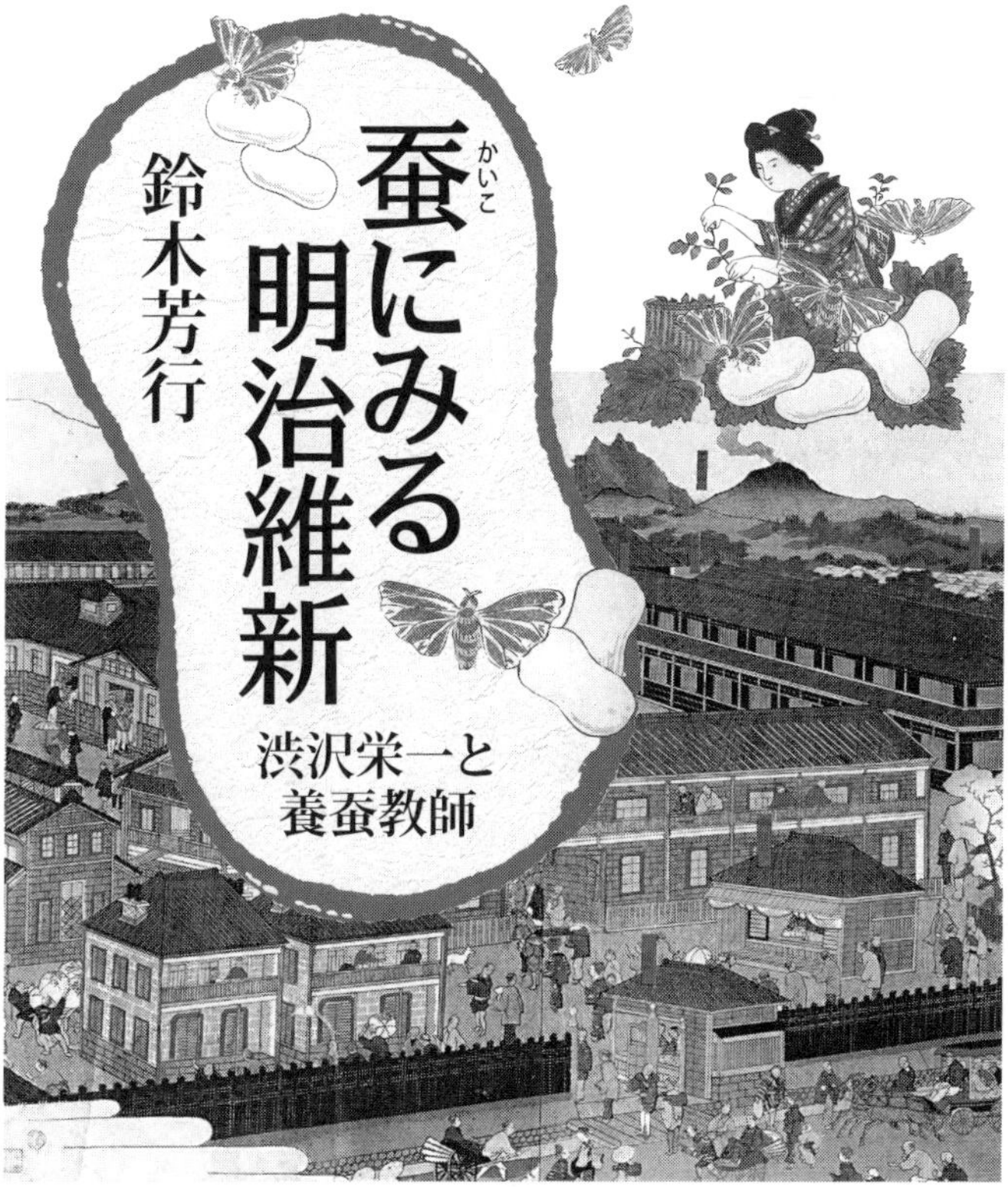

蚕《かいこ》にみる明治維新

渋沢栄一と養蚕教師

鈴木芳行

吉川弘文館

目　次

はじめに

天に虫と書き、蚕《かいこ》である。天の虫とはさぞやと思わせるものがあるが、一見して全体は白く、小さな突起物で覆われ、大きな毛のない毛虫がゆったりうごめくようで、多くの人は不気味と感じる。しかし、この虫ただの虫ではない。かつては「お蚕さま」と尊称をもって呼ばれていた虫である。養蚕《ようさん》といって、人間が家のなかで養うことでしか生きていられないにもかかわらず、尊称で呼ばれたわけは、蚕が口から糸を吐き出しながらつくる繭《まゆ》と、その繭から紡ぐ生糸《きいと》が、有力な商品となり、養蚕農民や製糸家に富をもたらす源となったからである。

昨今では成人式などのお祝いの日に、若い女性の華やかで多彩な振り袖が注目の的となるし、結婚式ともなると、花嫁が身にまとう白無垢や内掛け、純白で裾長なウェディングドレス、ご婦人方の清爽な留め袖やパーティードレスなど、さまざまな和服や洋服のファッションをみることができる。これら女性のファッション生地で、優美さ、高級感などにおいて羨望の王座を占めるのがシルク（絹布）である。このシルクは生糸で織り出し、生糸は繭から紡ぎ出す。だから、女性ファッション生地の王座を支えている意味でも、蚕は「お蚕さま」の尊称が似つかわしい。

平成二十年（二〇〇八）の調査によると、この年の国内の養蚕農家数は群馬県が四〇〇戸、福島県一〇〇戸、栃木県五〇戸と続くが、全国を合わせてもわずかに一〇〇〇戸である。これら農家の生産にかかる繭は、全部を合わせても三八〇トン、これを国内でも群馬県内にただ一社ある製糸会社が製糸にし、年間で五万四三〇〇キロの生糸が得られることになる。しかし、この程度の国産生糸量では、とてもシルク需要をまかなえ切れない。だから、大部分は輸入品でまかなう。

現在、日本が生糸を輸入する相手国は何といっても中国が第一位で、そのあとにブラジル、ベトナムと続く。しかし、江戸時代のおわりごろ日本は開国し、貿易がはじまると、国産で第一位の輸出品に躍り出たのが生糸である。それいらい、生糸をつくる製糸業は昭和の戦後間もなくまで、およそ一〇〇年にもわたり、日本の主産業として隆盛を保ち続けたから、原料となる繭をつくる養蚕業も重要な産業であり続けた。蚕にはこのように、日本の主産業を支え続けた歴史があるのだから、その意味でも「お蚕さま」の尊称がふさわしい。

ところで、平成十九年（二〇〇七）に、群馬県の富岡製《とみおかせい》糸《し》場《じょう》が世界遺産暫定リストに登録される、世間の注目を集める決定があった。明治維新いらい一一〇年以上も操業を続けて、ついに終業となった生糸をつくる工場群を保存し、創業期の生産施設を知ることができる貴重な産業遺産として、ユネスコに世界文化遺産の認定を受ける準備作業に着手することが明らかとなったからである。決定後、文化庁、群馬県、富岡市などによる準備作業は本格化するが、いっぽうで、赤レンガを基調とする富岡製糸場の遺構が一躍脚光を浴びることになり、同場を訪れる観光客はうなぎのぼりに増えて、いまでは群馬県を代表する観光施設となり、文化財へ変貌を遂げつつある。

原料源として蚕の支えていた製糸場が世界のみとめる文化遺産ともなれば、富岡市はかつての製糸の町から、国際的な観光都市に生まれかわる可能性を秘めているわけで、実現の暁には文化財の面からも、蚕は「お蚕さま」と呼ばれることになるであろう。

明治維新が日本近代の入口に相当することは指摘するまでもないが、いまだ近代的な製糸企業など国内に一社も存在していなかったところから、先進の製糸技術を欧米資本主義国から移植し、近代的な製糸業を育成するため、明治五年（一八七二）十月、明治維新政府がみずから開業した大規模な器械製糸場が、この富岡製糸場である。富岡製糸場の製糸技術は華やかな宮廷ドレスなどシルクの先進国で知られるフランスから導入、伝習により技術を習得した工女を仲立ちとして、その技術を地方に伝える模範工場であり、すでに輸出第一位にあった生糸のさらなる生産を奨励して、国内有数の輸出産業に育てあげる狙いがあった。

富岡製糸場の創設を主導した人は、富岡からそれほど遠くない埼玉県血洗島《ちあらいじま》村（深谷《ふかや》市）の農民出身で、のちに日本資本主義の父と称されるようになる渋沢栄一《しぶさわえいいち》である。製糸場は渋沢が大蔵省の官僚時代に成し遂げた殖産興業のひとつであった。明治維新のころ、新政府が採用した近代産業の育成策をさして殖産興業という。

機械生産は大量生産を特色のひとつとし、原料もそれだけ必要とする。大規模な器械製糸ならば、原料とする繭もなおさらである。かつて富岡の一帯は養蚕の盛業地であり、富岡は繭の一大集散地であった。大規模器械製糸場の好適地として富岡が選ばれたのも、大量の原料繭を容易に確保できるこの集散地という立地条件が指摘されている。いくつかあった製糸場候補地のなかで、この富岡に断を下したのは、いうまでもなく渋沢栄一である。

渋沢栄一の出身地の間近に、群馬県島《しま》村（伊勢崎《いせさき》市）がある。血洗島村も、島村も、そして富岡も一帯は養蚕の盛業地に属する。養蚕においては蚕を専門に養う家屋をさして、蚕室《さんしつ》という。幕末にこの島村で開発された独創的な構造の蚕室が明治に入り、富岡製糸場が開業したころから、つぎのように各地に設けられるようになり、島村の養蚕法が行われるようになる。

東京　青山《あおやま》ご所《しょ》
栃木県　延島新田《のぶしましんでん》（小山《おやま》市）
〃　柳林《やなぎばやし》村（真岡《もうか》市）

山形県　松《まつ》ヶ岡《がおか》開墾場（鶴岡市）
北海道　酒田《さかた》桑園（札幌市）

それだけではない。島村の蚕室をいわば伝習所として、実地の教えを受けた伝習生が帰郷し、出身地の山口県、福岡県、石川県、富山県、京都府などに、島村の養蚕技術を伝えるなど、全国各地に島村の養蚕法が確認できるようになる。

群馬県内に、地域を同じくして、近代的で大規模な器械製糸場と、原料繭の生産に深くかかわる養蚕法とが並存し、時期を同じくして、いっぽうが生糸の大量生産をはじめ、他方の養蚕法が各地に伝わりはじめるということの事実は、果たして偶然の一致であろうか、それとも人為によるものであろうか。

もちろん、本書は人為とみるわけで、ついては、この人為の一致を解き明かすカギは、富岡製糸場の創設を主導し、島村の養蚕法を間近に知る位置にあった渋沢栄一が握っているにちがいない。したがって、渋沢の民部官僚および大蔵官僚としてすすめた殖産興業を見極めなければならないし、それに加えて、当期の養蚕事情も仔細にみなければならない。

まさに、蚕にみる明治維新だ。しかし、そんなに力んでみたところで、若い人はシルクを知ることがあっても、蚕はまったく知らないし、いまとなっては齢を相当重ねた人のなかでも、シルクを知る人は多いが蚕を知る人は稀だ。だから、蚕にかかわる歴史の一端を本書により知っていただければ本懐である。

なお、本書に引用の文献や史料などは主なものを巻末に一覧として掲げ、本文では必要最小限にとどめた。また、多数の史料を引用したが、これらは読み下したり、読点を付したり、原文の表記を一部改めたりして、できるだけ読み易くすることを心がけた。

1 江戸時代の養蚕

農民の養蚕

養蚕業はその名のとおり、蚕《かいこ》に飼料として桑葉《くわは》を与えて養い、蚕が巣ごもりするときにつくる繭《まゆ》を収穫する産業である。

春から初夏にかけて行う養蚕が春蚕《はるご》である。蚕の卵は桑の葉が芽吹いて幼葉《おさなば》となるころ、催青《さいせい》といって、青みがかり、ふ化する。産まれ出たばかりの蚕は蟻蚕《ぎさん》と呼ぶように、アリに似て小さく黒色である。蟻蚕は、小さな箒《ほうき》でそっと細かく刻んだ桑の幼葉の上に掃き下ろす。これが掃立《はきたて》で、養蚕の開始を告げる作業である。掃立の蟻蚕は細かな幼葉を食べて成長、次第に白色に変色し、幼い蚕となる。幼蚕はおよそ五〇日のあいだに、眠りに着く眠《みん》のときと、桑葉を食べ続ける起《お》きのときと、四回にわたり眠起《みんき》を繰り返して成長し、五眠《ごみん》に入るときに熟蚕《じゅく さん》となり、口から糸を吐き出しながら巣をつくり、みずから巣に籠《こ》もり、上蔟《じょうぞく》となる。

蚕が上蔟の際につくる巣が繭で、繭を得るために蚕を養うから養蚕である。蚕は三眠《さんみん》起きから四眠《よんみん》、四眠起きから上蔟までの時期に、食欲が旺盛で急成長するから、養蚕農民は一家総出で、一日のうちに三度も四度も桑葉を与える給桑《きゅうそう》の作業に従事しなければならないし、夜中でも交代で不寝の給桑が強いられる。

夏に行う夏蚕《なつご》、秋に行う秋蚕《あきご》、夏と秋のあいだに行う夏秋蚕《なつあきご》など、春蚕も含めて年に三度も四度も養蚕を行うことは江戸時代にもあったが、全国的に本格化するのは明治時代の半ばからであって、江戸時代に養蚕といえば、この年に一度の春蚕をさす。だから、養蚕は稲作など本業の副業として行った。養蚕のための桑は本田畑を避け、畦畔《けいはん》や川端、山間などに栽植した。本田畑はなによりも年貢米《ねんぐまい》の拠出地であり、米作のための本業の土地であって、江戸幕府は年貢を確保するため、本業地への桑樹の栽植を強く規制した。したがって、養蚕農民の桑畑は意外と散在的であった。

上簇後、繭のなかではサナギ（蛹）が生きている。だから、生繭《なままゆ》である。生繭は半月ほども経ると、繭皮《まゆかわ》を食い破り、蚕蛾《かいこが》が発生する。蚕蛾は蚕の親だ。繭皮は大体一〇〇〇メートル前後の一本の糸でできている。これが蚕蛾に食い破られてズタズタとなっては生糸に紡ぐことができなくなるから、発生前にサナギは殺さなければならない。天日に干したり、蒸したりして殺蛹《さつよう》し、生繭を乾繭《かんけん》にして、貯蔵する。

繭皮をなす糸はセリシンという物質により相互に固く、くっつき合っている。だから、繭は鍋湯で煮てやわらかくし、糸口を解きほぐし、数本の糸口を撚《よ》りかけしながら紡ぎ取り、生糸《きいと》にする。紡ぎ取るときには奥州座《おうしゅうざ》繰器《ぐりき》あるいは上州座繰器《じょうしゅうざぐりき》などの製糸器を用いた。この繭から生糸を紡ぎ取る産業が製糸業で、江戸時代にあっては養蚕農民が本業の合間に行う農間余業《のうかんよぎょう》である。したがって、製糸の時期に備えるためにも生繭は乾繭にする必要があった。

生糸を紡ぎ取るための繭だから、これを糸繭《いとまゆ》ともいう。養蚕農民の多くは、この糸繭を得るために養蚕業に従事した。

蚕種家の養蚕

さて、生繭はそのまま半月ほども経つと、サナギが蚕蛾に成長、繭の表皮を食い破り、雌蛾あるいは雄蛾が産まれ出る。両蛾をただちに交尾させ、雌蛾は排尿ののちに産卵をはじめる。一蛾の産む卵は数百個、クリーム色でごく小さく、軟らかくてつぶれ易い。卵のまま持ち運ぶことなどとてもできないから、もともと粘着性のある卵は、一定の大きさの和紙に産みつけさせて、固着させる。これが蚕卵紙《さんらんし》で、蚕の種《もと》となるところから、蚕種と書き記し、「かいこたね」とか「さんしゅ」、「さんたね」、あるいは単に「たね」などと呼んだ。蚕種業はこの蚕種をつくる産業である。

蚕種を製造するための繭は種繭《たねまゆ》ともいう。種繭を得るためにはやはり桑葉を与えて蚕を養う養蚕をやらなければならない。種繭を得るための養蚕に従事するのが、蚕種家《さんしゅか》である。蚕種家は自製の蚕種はもちろん、ほかの蚕種家から買いつけたり、あるいは購入した種繭などを元にしたりして、養蚕農民とまったく同様な、年に一度の掃立にはじまり上簇でおわる養蚕に従事、その後、養種《ようしゅ》をして、蚕種を製造する。

蚕種家はでき上がった蚕種を、その夏の暑い時期に売りさばく。その際には、地域の蚕種家たちが集団をなして商売に出かける。蚕種家たちの商圏は、蚕種場《さんしゅば》あるいは得意場《とくいば》などという。得意場では蚕種家たちはそれぞれに分散し、年来つき合いのある養蚕農家を訪れて、持参の蚕種を売る。そのとき受け取る金銭は実は、前年の同時期に売りつけた蚕種の代金で、この春の催青具合、養蚕の様子、繭のでき具合などを参酌《さんしゃく》して決済するのである。だから、夏に持参の蚕種は翌年の春蚕用である。これが蚕種家の行う平素の商売である。蚕種代金を一年間も眠らせているわけで、蚕種商売には相当な資力が必要だ。蚕種家は生産者であり、いっぽうでは蚕種商人をかねる存在でもあった。

蚕種家の養蚕にも当然、桑が必要だ。明治初期の試算によると、蚕種一枚の養蚕に必要とされる桑畑の広さは半反歩《はんたんぶ》ほどである。養蚕農民のような副業の範囲ならば畦畔などの利用で、養蚕を行うことができた。しかし、蚕種家が商売のために数百枚、数千枚単位で蚕種を製造するためには、まとまった広さの桑畑が是非とも必要であった。その点、大河川には河原の大きく展開しているところが多数ある。本田畑に領主による桑栽植の規制がある以上、蚕種家は大量に蚕種を生産するための広い桑畑を、大河川の河原などに確保するようになる。これが、蚕種盛業地が大河川の河原に成立する要因のひとつとなったのである。

このように、蚕種家の養蚕は生産においても広い桑畑が、商売においても相当な資力が必要で、これは豪農《ごうのう》経営である。

西陣と上質な生糸

江戸時代、関東地方や東北地方の養蚕農民は、屑繭《くずまゆ》などから紡ぎ取る下等な生糸は、みずから織る織物に消費したが、良繭から得られる上質な生糸は、高級な絹織物用として高収入が期待できるところから、京都西陣《にしじん》に販売した。こうして西陣に集まる生糸は都に上る糸だから、上《のぼ》せ糸《いと》と称した。しかし、江戸時代のはじめからこのような特色のある生産と流通があったわけではない。上せ糸の形成には、上質な生糸をもっとも需要した西陣の動きが大きくかかわっている。

京都は応仁《おうにん》の乱《らん》（一四六七～七七）のおよそ一〇年間に、ひどく荒廃する。戦乱後、堺《さかい》などに逃れていた織部《おりべの》司《つかさ》の系譜につらなる職人が京都に戻り、西軍の山名《やまな》氏が本陣を構えた跡で、絹織物の生産に従事するようになる。この西軍の本陣跡が西陣で、西陣で生産された高級な絹織物は西陣織を総称し、西陣は国内最有力の機業《きぎょう》地に成長する。

織部司とは古代にあっては、天皇家や貴族家など朝廷で用いる高級な絹織物を生産する律令《りつりょう》国家の役所であった。西陣の織物職人はアジアの大国明《みん》から輸入した高機《たかばた》や空引機《そらひきばた》など先進の織機を駆使し、高級な絹織物の生産技術に長けていたところから、西陣の絹織物は高く評価され、戦国時代には戦国大名や貴族、江戸時代には近世大名や豪商などの富者が競って買い求めたのである。

西陣織に用いる生糸は白糸《しらいと》といって、もっぱら明から輸入する上質な生糸であった。江戸幕府は寛永十四年

（一六三七）、島原《しまばら》の乱《らん》でキリスト教徒を弾圧し、同十六年にポルトガル船の来航を禁止して鎖国《さこく》を完成させる。しかし、鎖国下にあっても明からの白糸輸入は依然として行われた。明は一六四四年、清《しん》により滅亡するが、清からの白糸輸入もますます盛んとなった。

しかし、幕府は貞享二年（一六八五）から白糸輸入を制限しはじめ、正徳五年（一七一五）には一定量の少数に制限を強化した。白糸輸入の制限強化は、白糸代の決済にあてる金銀の流失が過大となったことから、幕府財政の悪化に対処する取引量の削減にある、と指摘されている。

いっぽう、幕府が貞享二年に白糸の輸入を制限しはじめたころから、西陣では白糸にかえて国内で生産される上質な生糸を求めるようになり、白糸の輸入制限が格段に強化される正徳五年には、完全に国産生糸への切りかえを闡明《せんめい》にする。だが、西陣が貞享二年に国内の上質な生糸を求めるようになったことを契機として、元禄期（一六八八〜一七〇四）には、関東地方、東北地方を中心に養蚕業と製糸業が盛んとなり、上質な生糸の多くが上せ糸となって、京都西陣に集中するようになる。すなわち、西陣による国産生糸への切りかえを端緒として、元禄期、国内蚕糸業に一大変革が起きたのである。

蚕種生産の盛んな地域

江戸時代において当初の養蚕業は、農民みずからがつくる蚕種によったであろう。しかし、幕府が清からの白糸輸入を制限したため、西陣が高級絹織物にふさわしい上質な生糸を国内に求めるようになると、養蚕農民は自製種よりは、上質な生糸のもととなり良繭を得る可能性の高い優良蚕種を買い求めるようになり、蚕種業が急速に台頭するきっかけとなった。元禄期における国内蚕糸業の一大変革には、養蚕業と製糸業の盛大に加え、それらの源泉となる蚕種業の盛大も包含していたのである。

元禄期、すでに蚕種の供給地は信州《しんしゅう》・上州・野州《やしゅう》・常州《じょうしゅう》・武州《ぶしゅう》・相州《そうしゅう》・奥州など多数形成されていた。なかでも、信州小県郡上田地方、奥州信達地方（岩代国信夫・伊達両郡）、および常総野にまたがる結城地方が、名のとおった優良蚕種の盛業な地域であった。

これら三地域のうち元禄期にもっとも隆盛を誇ったのは結城地方であり、本場名《ほんばめい》を誇った。だが、寛保二年（一七四二）に発生した鬼怒川《きぬがわ》の「いかりの山くずれ」による大洪水のため、結城辺りの河原が流失、河原の広人な桑畑が消滅し、結城種の生産が急減したのを契機に、結城本場は急速にその地位を低下させた。かわって隆盛となったのが奥州の信達地方で、奥州種は安永二年（一七七三）、冥加《みょうが》永《えい》の上納に合わせて本場名を獲得し、幕末にいたるまで、奥州本場は優良蚕種の生産と流通の国内中心地となった。

ところで、糸繭も種繭も生産の基礎は養蚕である。いっぽうの養蚕農民は上質な生糸のもととなる良い糸繭を得るために養蚕に従事したから、良い糸繭が得られる可能性の高い優良な蚕種を求めた。他方の蚕種家はこの需要に応え良い種繭を得るために、養蚕の技術に磨きをかけた。だから、蚕種家のなかには養蚕技術に長ける養蚕巧者が多数となり、みずからの技術を養蚕書などのテキストにして、伝えたのである。

そして、蚕種家の多くは優良な蚕種を得るために、なによりも養蚕に用いる良桑の多数の確保に努めたのである。信州種や奥州種、結城種の三地に共通な生産条件は、信州種が千曲川《ちくまがわ》、奥州種が阿武隈川《あぶくまがわ》、結城種は鬼怒川と、大河川の河原に飼養源となる良桑が確保できたことにある。

蠁蛆病《きょうそびょう》は、ハエが卵を産みつけた桑葉を蚕が食べることにより、熟蚕が繭をつくるころになると蛆《うじ》が湧き、蚕が斃死《へいし》して違蚕《いさん》となり、収繭《しゅうけん》が望めなくなる蚕病である。病原は明治に入り欧州の科学知識が流入してようやく明らかとなるが、江戸時代にはまったく不明なところから、蚕種家はその発生をもっとも恐れた。だが、大河川の河原で栽植した桑には、日照りや風通しの関係からであろうか、ハエの卵は産みつけが少なく、そのため蠁蛆病の発生もごく低かった。

蚕種家は大河川の河原が良桑の適地で、優良蚕種のもとであることを経験的によく知っていたのである。優良蚕種の得られる度合いの高い良桑という意味で、河原の桑は歩桑《ぶぐわ》と称し、蚕種家は桑畑開発の極意としたのである。これが、大河川の河原に蚕種の盛業地が成立する主な要因であった。隆盛を誇った結城本場が鬼怒川大洪水のため広大な河原の桑畑を流失させ、本場の地位を喪失した事実が明証となろう。

したがって、蚕種業の盛んなところは大河川の河原に養蚕源の桑畑が見渡す限りビッシリと広がっていた。こうした蚕種業が盛業で、桑畑の密集地をさして養蚕場《ようさんば》と呼ぶ。

開港と蚕種貿易

江戸時代後期には、信州種は相かわらず盛業であり、後発の米沢《よねざわ》や秋田などほかの蚕種生産地も伸張してきたところから、奥州蚕種本場とこれら産地のあいだで、蚕種売りさばきをめぐる対立がしばしば引き起こされた。対立の原因は奥州本場の先進的な製種技術、蚕種の優良性に対抗し、技術的にも、蚕種の優良性でも、自立的な経営を図ろうとする地方蚕種家たちの生産者的、商業者的な上昇活動に求められる。

嘉永六年（一八五三）、アメリカの使節ペリーが浦賀に来航、翌安政元年、江戸幕府は日米和親条約を締結し、寛永十六年（一六三九）いらい二〇〇年以上にわたる鎖国を廃し、開国した。ついで、安政五年（一八五八）に締結した安政の五か国条約にもとづき、翌六年に横浜（神奈川に代え）など五港を開港、貿易をはじめた。日本経済は、治外法権をみとめ、関税自主権をもたない不平等条約のもと、欧米資本主義諸国が主体となる国際的な自由貿易体制の一環に組み込まれたのである。

いっぽう、開港を契機として尊王攘夷運動《そんのうじょういうんどう》が台頭、安政六年、大老井伊直弼《いいなおすけ》が安政の大獄を断行し、尊攘派を弾圧、しかし、万延元年（一八六〇）、井伊直弼は尊攘派水戸浪士のために桜田門外の変で暗殺されてしまう。開港は、幕府対反幕派の政争をより激化させる端緒となったのである。

欧米諸国との貿易開始により、一躍輸出品の首座を占めたのが生糸であった。長い鎖国の時期を経て、日本は生糸の輸入国から輸出国に転じたわけだから、製糸業の発展を支える養蚕業の成長をみとめなければならない。しかし、生糸の急激な海外流出は国内に激しい物価騰貴《とうき》を生起させ、それまで上せ糸の供給地であった東北や関東地方では生産の生糸を横浜港に集中させたため、それまで国産生糸の最需要地であった京都西陣は混乱の極致に陥った。ここに、従来の生糸取引に大転換を迫る要因が形成されたのである。

生糸が輸出品の第一位となった理由は、フランスやイタリアなど欧州を代表する生糸国では当時、蚕病が蔓延して養蚕が大打撃を受けたところから極端な生糸不足に陥り、また、国際的に生糸の輸出国であった清国が、アヘン戦争（一八四〇〜四二）とその後の国情混乱で、生糸の輸出を激減させていたことなどが加わり、安政六年に日本が開港すると、外国商人が競って日本の生糸を大量に買い求めたことにある。

生糸の輸出が急増すると、当然、生糸生産の源泉である国内蚕種への需要も増大した。各地の蚕種業地が活況を呈するなか、それまで無名に近かった上州島《しま》村の蚕種が急速に台頭、奥州信達、信州上田とともに、優良蚕種の三大名産地に数えられるほどになる。

安政六年の開港で、蚕病に苦しむ欧州の生糸国が日本に求めたのは生糸だけではなく、欧州蚕種の代替として無病の日本蚕種も強く求めた。これに対し江戸幕府は、生糸の生産源である蚕種の過大な輸出が国内生糸を衰退させる要因となることを恐れ、しばらくのあいだ輸出を禁止した。しかし、蚕病が容易に減退しなかった欧州の生糸国に配慮して、外交官などに対する例外的な蚕種輸出を相ついでみとめたところから、元治元年（一八六四）、幕府はついに蚕種の輸出を解禁した。

蚕種貿易がはじまると、一躍、蚕種は生糸につぐほどの輸出品に躍り出た。開港いらいの内需に加えてこの外需により、三大蚕種盛業地はもちろん、各地の蚕種業地は大変な蚕種景気に沸き立ったのである。

慶応二年（一八六六）、幕府は財政補てんのため輸出が好調な生糸と蚕種に課税、五月から実施に移した。この課税の強化が開港いらいの物価騰貴に苦しむ蚕糸中小農民を立ちあがらせ、六月、奥州信達の世直《よなお》し一揆《いっき》、武州・上州の世直し一揆がほぼ同時に蜂起する要因となったのである。ここに、全国政権としての幕府の威信は失墜、尊王討幕運動がより激しさを増すことになる。

三つの養蚕法

一年のあいだに一生のサイクルをたどる生き物が気温の変化に敏感なことは、蚕も例外ではない。気温条件のありようが圧倒的に影響をおよぼす江戸時代の養蚕にあって、国内各地の養蚕法には論者の数ほど多数あるといわれている。だが、幕末の暖国・寒暖国・寒国で行われていた多数の養蚕法は、表1のように大きく清涼育《せいりょういく》・折衷育《せっちゅういく》・温暖育《おんだんいく》の三つに区分できるという。

江戸時代の養蚕はどの地方も春から初夏にかけて行う春蚕が主流であり、暖国・寒暖国・寒国とは、この春蚕時期の温度差にもとづく大まかな地方区分である。

暖国の清涼育は、蚕を比較的安定的な自然気候に順応させて育てる育法であり、寒国の温暖育は蚕室《さんしつ》を加温し適温を保って促成的に育て、寒暖国の折衷育は温暖育と清涼育を折衷して育てる、という各特色があった。

寒国の奥州は蚕種本場の地である。奥州本場では天明三年（一七八三）に、伊達郡掛田《かけだ》村の佐藤友信《さとうとものぶ》が養蚕書『養蚕茶話《ようさんさわ》』を著した。蚕のふ化は卵の青味がかる催青からはじまる。この催青を早めるためと、蚕糞下《こした》の湿気を乾燥させるため、蚕室を炭火で加温する温暖育をすすめた。しかし、温暖のもとでの養蚕は蚕児の食欲が旺盛になることから給桑の回数も増えるが、桑葉の過食による違蚕を避けるためには、三眠で加温を止めることにも

表1　養蚕法の区分

区分	地方	養蚕法
暖国	丹州　山城　近江	清涼育
寒暖国	上州　信州	清涼育　折衷育
寒国	奥州　羽州	温暖育

注意をうながした。

ついで天保九年（一八三八）には、伊達郡梁川《やながわ》町の田口彦太郎《たぐちひこたろう》が寛政八年（一七九六）いらいの実験結果を示し、加温により蚕児《さんじ》の成長が促進され、飼育日数が従来の半数近くも短縮される温暖育を唱えた。

同じく梁川町の中村善右衛門《なかむらぜんえもん》は嘉永二年（一八四九）に『蚕当計秘訣《さんとうけいひけつ》』を出版、自身が長年の研究で発明した「蚕当計《さんとうけい》」と名づける寒暖計を使うことにより、炭火など火力の加温減温が目視できるようになり、蚕室の適温調節が自由にできることを立証した。蚕当計は温暖育による養蚕の安定的経営に貢献することになった。

飼育日数の大幅な短縮はその分養蚕に投下する経費・労力が節約でき、蚕種家の養蚕経営、養蚕を副業とする農民の農業経営全体の合理化に直結することから、温暖育は急速に普及した。しかし、温暖育は蚕室の保温を重視するあまり外壁などを強固にして密閉性を高めるところから、火力によるガスや煙の排気、空気の循環などに不適な構造が多数となった。

折衷育は蚕の成長過程で三眠までは温暖育を取り入れて成長を促進させ、飼育日数を短縮、三眠以降は蚕児が強壮となるところから自然の気候で育てる清涼育によった。全体的に養蚕経営の合理化が図れるために、幕末段階では寒暖国のなかでも、三眠期ごろまで冷気の残る寒国が多く採用した。しかし、明治に入ると、合理化の見地からさらなる折衷育の改良がすすみ、折衷育の導入者も増大して、明治末期の折衷育は寒国や暖国などの差異をこえ、全国的に養蚕法の主流を占めるまでに普及する。

清涼育の特色

いっぽう、暖国あるいは寒暖国の清涼育は、一般的には人為を加えず自然の気候そのままに育てる自然育をさした。しかし、幕末に入ると、春から初夏にかけて突如訪れる寒気と暑気に対処し、寒気には火力を用いて蚕室を温暖にし、暑気には戸や障子《しょうじ》を開放して熱気を払い清涼とし、寒暑を凌《しの》ぎながら蚕児を育てる清涼育が唱えられた。清涼育は、蚕室の空気はできるだけ流動性を高め、清涼に保つことを重視する養蚕法であるから、清涼に保ちにくい密閉性の高い蚕室構造、蚕室での過度な火力の利用などは避けるよう説いた。清涼育には温暖育・折衷育の特色である蚕の成長を促進させるため蚕室を加温して飼育日数を短縮させるなど、養蚕業の合理化を図る観点は、はなから欠落していた。

養蚕は基本的には稲作など本業のあい間に行う副業であり、春蚕の労働は本業の労働と競合するため、温暖育あるいは折衷育による飼育日数の短縮は、養蚕業の合理化だけでなく、農業全体の合理化にもつながった。それに対して、清涼育は加温のための燃料費が過少ですみ、一時に過大な給桑労働も緩和できる利点があった。しかし、難点は五〇日ほども要する飼育日数にあった。長期間にわたる労働力の投下は結局、養蚕の諸費用を膨らませ、農業全体の経営を圧迫する可能性が強かったのである。

暖国あるいは寒暖国の清涼育は幕末から明治前期ぐらいまでが全盛期であって、その後は農業経営全体の合理化をうながす折衷育の普及に押され、明治末期にはまったく姿を消してしまう。

上州はいうまでもなく寒暖国に属す。その上州にあって、長年にわたり研鑽を続け、蚕室の工夫に努力を重ね、ついに清涼育を完成に導いたのが、島村の田島弥平《たじまやへい》である。

2 近代養蚕の原点

二分された島村

群馬県の島《しま》村は明治二十二年（一八八九）の市制・町村制の施行時には佐位《さい》郡に属し、同二十九年に佐波《さわ》郡の所属となる。昭和三十年（一九五五）の合併では境《さかい》町島村となり、さらに、平成十七年（二〇〇五）の合併により、伊勢崎《いせさき》市境島村《さかいしま》となった。

島村は利根川《とねがわ》によって南岸域と北岸域に二分され、分断する川幅は一〇〇〇㍍にもなる。群馬県と埼玉県の境は利根川であるが、島村では南岸域のさらに南外縁が県境となっているから、群馬県域は島村の付近で利根川の右岸堤、すなわち、埼玉県側に大きく扇状にせり出している。

坂東太郎《ばんどうたろう》の異名をもつ利根川は群馬県みなかみ町の大水上山《おおみなかみさん》を水源とし、急峻を南方に流れ下り、前橋《まえばし》市役所の西を過ぎる辺りから五時の方向に旋回しはじめ、次第に旋回の角度と川幅を増しながら、群馬・埼玉の県境にいたるところで、三時の方向から流れ寄る烏川《からすがわ》が合流する。利根川はこの合流部から一段と広がりをみせかつゆったりと東流するが、島村は合流部からおよそ八㌔下流に位置し、大正時代のなかごろまでは流路が定まらない乱流域にあった。

それでは利根川の乱流域にあって、島村が二分された始原はいつごろに求められるのであろうか。

島村はすでに天正年間（一五七三～九二）に存在が明らかにできる古村である。利根川の島村における流路は寛永期（一六二四～四四）から明治十六年（一八八三）の二五〇年ほどのあいだに、出水のために一一回もの変流を経ているという。寛永二年には乱流が島村の南側に流れ込んだということであるから、一時的な分断はすでにこのときからあったのであろう。安永期（一七七二～八一）に入り、島村はついに二分されてしまった。文化十三年（一八一六）には二筋の流れがあったとされる。二筋の流れが明確となるのは安政五年（一八五八）の大洪水のときからで、そのため村は完全に三分された。明治十六年（一八八三）にはさらに細い一筋が加わり、村はさらに四分されてしまったのである。

日本近代最初の地形図は、参謀本部陸軍部測量局による二万分の一迅速図である。明治二十一年発行の迅速図「深谷《ふかや》駅」などには、利根川の大きく蛇行する三筋の流れによって、島村の付近が北から南にかけて、①字北向《きたむかい》、②字前川原《まえかわら》、③島村（諏訪祠《すわほこら》）、④字新地《しんち》・字新野《しんの》・字立作《りゆうさく》と、不規則に四つの字地《あざ》に分断された村姿を載せており、四分された島村の状態がはっきりと確認できる。このうちでは、流路の中洲に図示される③島村（諏訪祠）が「前島《まえしま》」に相当し、島村ではもっとも大きな集落であったという。

明治四十一年刊行の根岸門蔵《ねぎしもんぞう》『利根川治水考《ちすいこう》』は、利根川の治水沿革などを記し、利根川の歴史研究に関する基本文献である。同書には全編を通じ島村の記述がただ一か所、つぎのように利根川の本流を紹介するくだりで触れる。

利根川本流ハ、既ニ記スルガ如ク、水源ヲ群馬県上野国利根郡水上村大字藤原《ふじわら》村、利根嶽（海抜約六千四百呎）ヨリ発シ、奔注激駛《ほんちゆうげきし》ノ間、山ノ渓流ヲ湊合《そうごう》シ、西北ヨリ東南ニ転流シ、沼田《ぬまた》町ヲ経テ、利南《となみ》村大字戸《と》鹿野新《がのしん》町ニおいて、片品川《かたしながわ》ヲ合セ、群馬郡長尾《ながお》村大字白井《しろい》ニ至リ、吾妻川《あづまがわ》ヲ会シ、南勢多《みなみせた》郡北橘《ほつきつ》村大字下《しも》箱田《はこだ》ニおいて、広瀬川《ひろせがわ》ヲ分流シ、前橋市ノ西ヲ過キ、佐波郡芝根《しばね》村大字沼上《ぬまのうえ》ヨリ、埼玉県児玉《こだま》郡神保原《じんぼはら》村

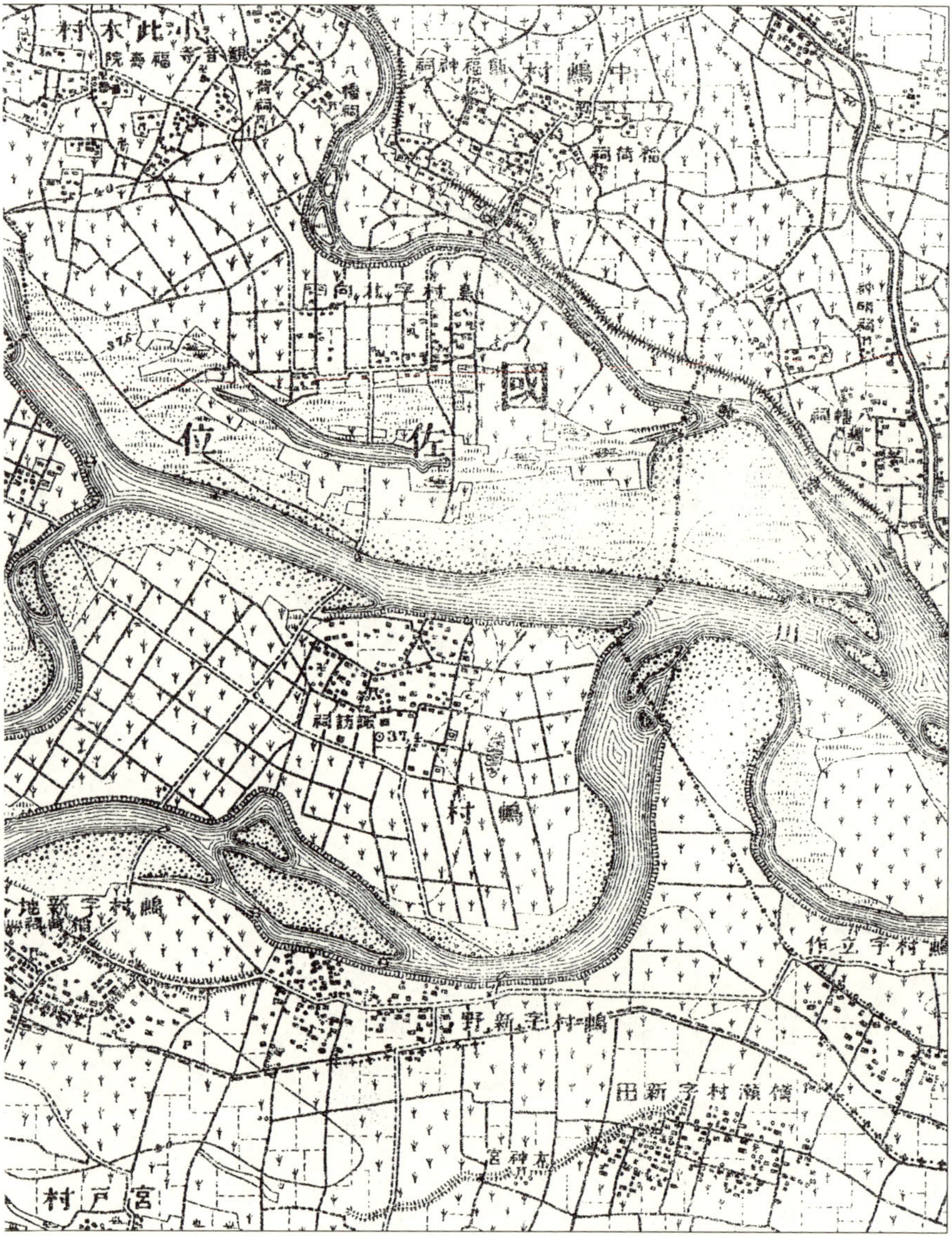

小此木村
観音寺福寿院
八幡祠
中嶋村
稲荷祠
神明祠
八幡祠
佐位
川
諏訪祠
嶋村
嶋村字新地
稲荷祠
嶋村字立作
嶋村字新野
横瀬村字新田
大神宮
宮戸村

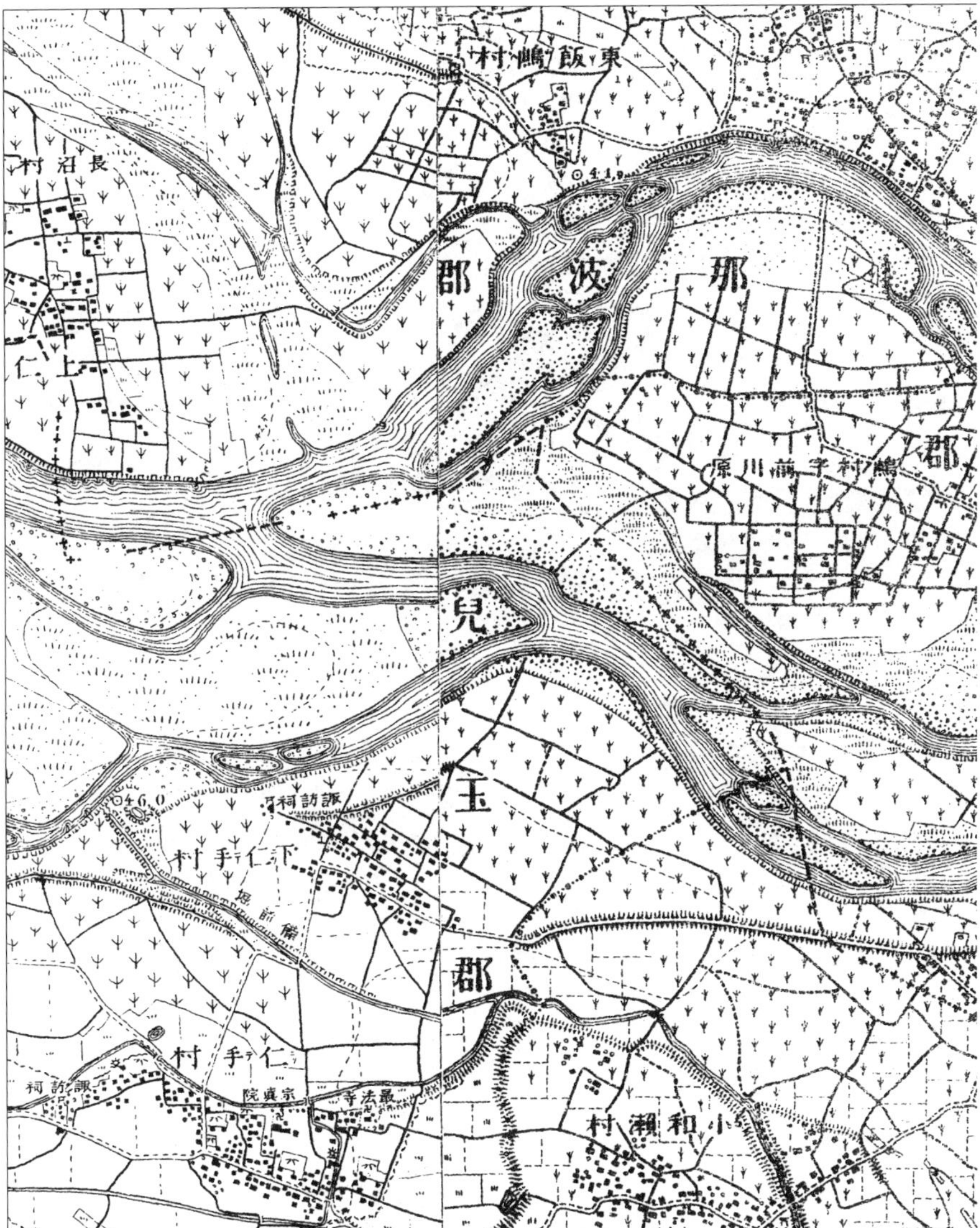

明治20年ごろの島村

明治21年迅速図「深谷駅」「伊勢崎町」（国立国会図書館）より作成

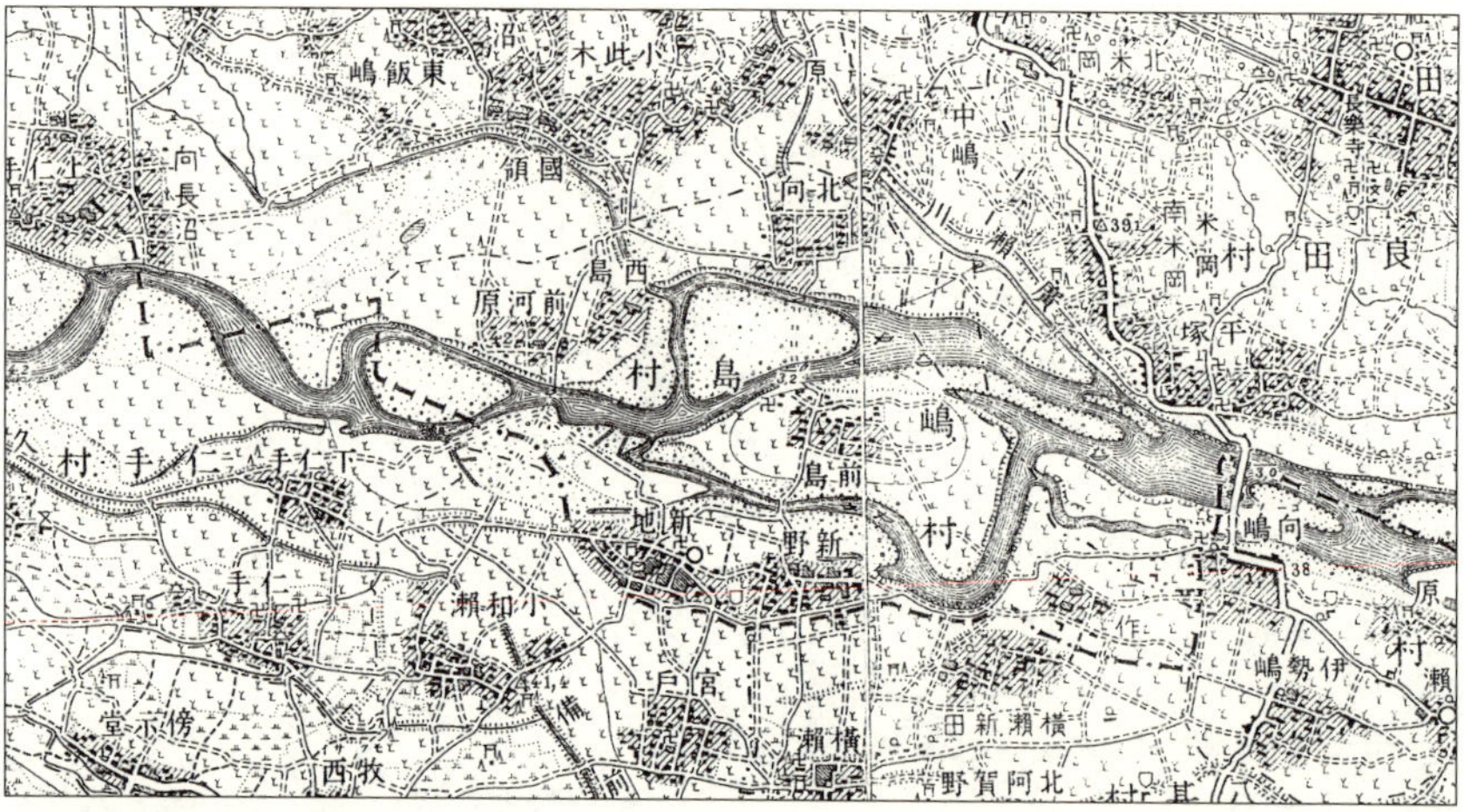

利根川改修前の島村付近

大日本陸地測量部「高崎」（明治40年測量）「深谷」（同左）（国立国会図書館）より作成

大字八町河原ニ入リ、烏川ヲ呑《の》ミテ東流シ、上野・武蔵ノ国界ヲ流下シ、屢《しばしば》分合シテ、佐波郡島村新地ヲ囲《かこ》ミ、新田《にった》郡世良田《せらた》村大字平塚《ひらつか》ヲ過キ……

新地は島村の一字で、島村を二分する利根川の南岸域に位置しており、新地の南縁は県境をなすものの川筋はない。だから、利根川の流路に「囲ミ」と指摘される新地とは、実際には中洲に位置する前島に比定するほうが正確である。だが、流路が「囲ミ」という表現は、明治末期でも、島村が利根川のために分断されている様子を端的に伝えている。

『利根川治水考』の刊行から二年後の明治四十三年には、利根川の大洪水により中洲の前島が流失したところから、前島の住民は島村の利根川南岸域と北岸域にそれぞれ移転したという。内務省ではこの大洪水の経験から利根川の治水計画（第二次）を策定、翌年から河川改修工事に着手し、大正八年（一九一九）に竣成《しゅんせい》させた。

島村一帯の工事は大正三年に行われ、利根川の両岸には堰《えん》堤《てい》が築かれ流路も定まったが、前島は利根川の河床となって消滅、ほかの字地もそれぞれ利根川の南岸域と北岸域に定置された。しかし、島村新地の南縁をめぐる県境は不動であっ

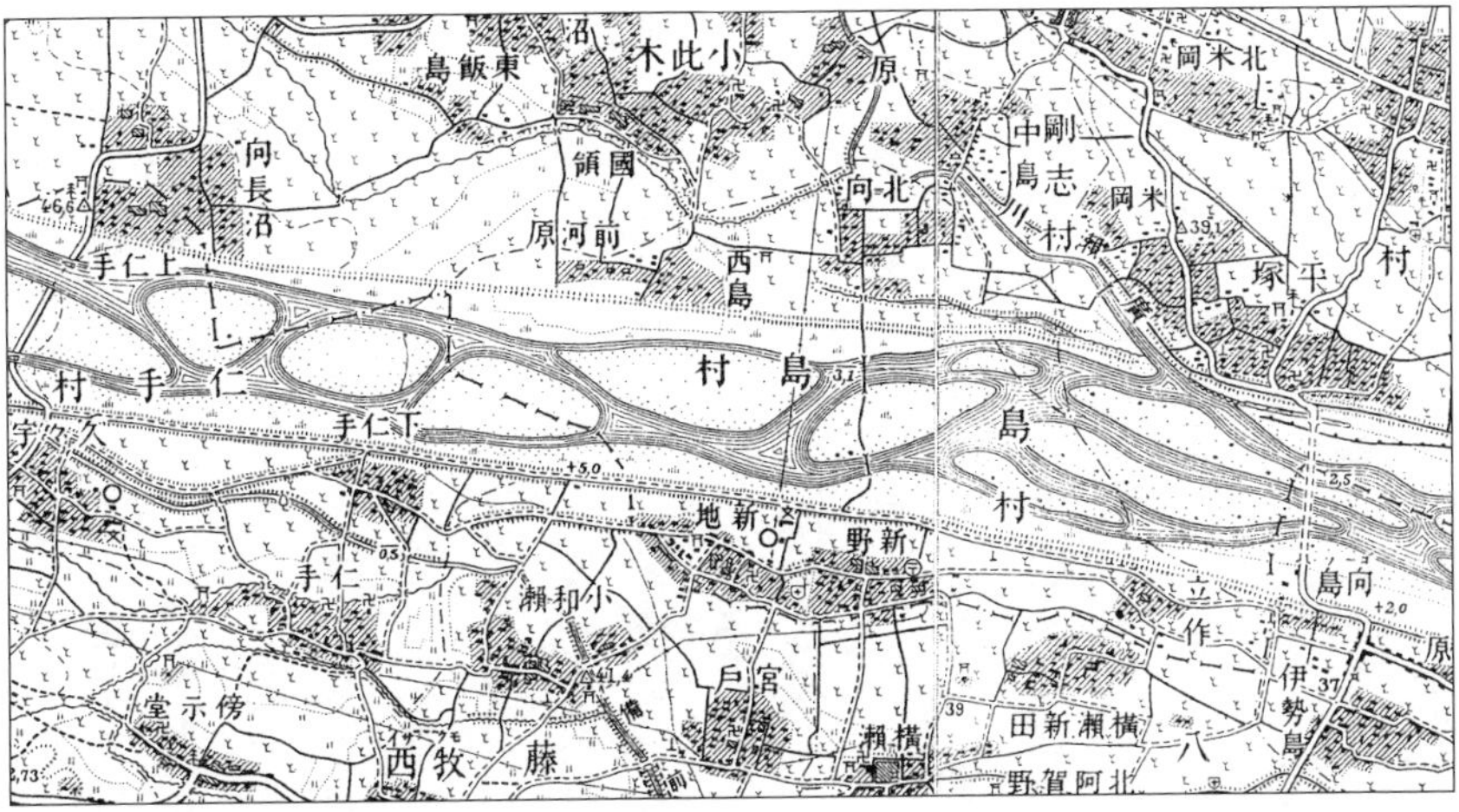

利根川改修後の島村付近
大日本陸地測量部「高崎」（昭和４年修正測量）「深谷」（同左）（国立国会図書館）より作成

た。そのため、群馬県域が島村のところで利根川の南堤より大きく扇状にせり出して埼玉県境と接する、現在のかたちとなったのである。

　このように、島村の二分は大正三年の改修工事で確定するが、二分の始原は大正三年から三〇〇年近くもさかのぼる寛永二年（一六二五）、すなわち、利根川の乱流が島村の南側に一時的に流れ込んだ時期と判断される。

島村の蚕種業

江戸時代、島村の生業は舟運《しゅううん》業と養蚕業で成り立っていた。

　島村の舟運業が発展するのは天保期（一八三〇～四四）からで、河岸《かし》問屋《どんや》が二軒あり、五〇〇俵積の親船《おやぶね》一〇〇艘《そう》、二五俵積の小船《こぶね》二〇〇艘ほどを有していたといわれる。親船は江戸廻米《かいまい》と物資輸送に、小船は親船でさかのぼってきた諸物資を島村の下流で積みかえ、これを上流の地へ運ぶのに用いた。もちろん、親船・小船による舟運業に従事したのは島村の農民である。

　江戸時代の前期、上州《じょうしゅう》の養蚕業は養蚕農民の自製種《じせいしゅ》、あるいは上州産の地種《じだね》を用いた。しかし、結城本場《ゆうきほんば》にかわって奥州《おうしゅう》本場が隆盛になる安永期（一七七二〜八一）以降は、蚕種《さんしゅ》商人がもたらす奥州種を用いるようになる。

この蚕種商人には奥州本場に属し上州におもむいて蚕種を売り込む商人と、本場以外の地方に属し奥州におもむいて蚕種を買いつけ、上州でそれを売り込む商人などの別があった。そして、買いつけ商人のなかにやがて、「切《き》り出《だ》し種《だね》」生産に従事する蚕種家があらわれてくる。切り出し種とは、買いつけ商人が奥州本場の村むらに出向いて優良な種繭《たねまゆ》を購入し、それを現地で製種《せいしゅ》して持ち帰り、奥州本場種として売りさばく蚕種をさす。この切り出し種生産を経営の主体とする蚕種家は、優良な本場蚕種と本場蚕種を生み出す製種技術にそれだけ依存しているわけで、自立した蚕種家にはまだ相当な距離がみとめられる存在であった。

江戸時代も後期に入ると、奥州本場の優れた製種技術を習得し、優良な切り出し種を国許《くにもと》に持ち帰り複製し、それをもとに改良して独自の蚕種を製造し、販売するところがあらわれるようになる。その最初の大規模な製種に成功したのは、信州上田《うえだ》地方であった。同地はもともと蚕種盛業地であったが、文化・文政期（一八〇四〜三〇）には、奥州本場種を原種として優良な蚕種を製出し、それを信州種として販売するようになり、販路は上州にも広がった。

島村の養蚕業に用いる蚕種も当初は、養蚕農民の自製種あるいは上州の地種を用いたであろうが、次第に結城種、奥州種、奥州切り出し種、そして信州種など、優良な販売種を求めて行ったであろうことは想像にかたくない。

島村では寛政十二、三年（一八〇〇〜〇一）ころ、奥州本場から「種師《たねし》」を雇い、蚕種を製出し、これを仲買商人に売り渡したり、掃立《はきたて》て稚蚕《ちさん》として近郷の養蚕農民に売りさばいたりしたという。これが確認できる島村蚕種業のはじまりである。創業期の蚕種家は一二、三戸にすぎなかった。島村では、文政五年（一八二二）の利根川大洪水を契機に河原を桑畑に開墾し、歩桑《ぶぐわ》による蚕種生産がいっそう盛んになったといわれる。

田島弥平・武平と蚕種業

田島弥平《たじまやへい》および田島武平《ぶへい》の両家は、ともに創業期から島村を代表する蚕種家である。弥平の父弥兵衛と武平の父武兵衛は、開港の安政六年（一八五九）、奥州本場および羽州《うしゅう》（米沢《よねざわ》）へ旅立った。旅の目的は切り出し種生産と切り出し種の買いつけである。仕入れ金一一〇両、切り出し種は種箱六個（二駄《だ》）にもなった。この経営規模が蚕種家として相当な大きさであることは、指摘するまでもない。

田島弥兵衛が文久三年（一八六三）に取り扱った蚕種数は、全数二三七二枚。これらの内訳は自製種が一四九九枚（六三%）ともっとも多く、ついで購入の切り出し種が五〇二枚（二一%）で、ほかからの買いつけ種はわずか三七一枚（一六%）であった。自製種は切り出し種を改良し、独自に開発した優良蚕種であり、これが六割以上も占める。購入の切り出し種は奥州種でこれが二割、買いつけ分はそのまま販売に廻すのであろうが、これは二割に満たない。この内訳は、自製種の拡大、奥州種の取り扱い縮小が判明し、田島家が蚕種家として技術的にも、蚕種の優良性でも、奥州本場への依存を離れ、自立したことを明確に示している。

田島両家の蚕種家としての第一歩は、寛政末年における島村蚕種業の萌芽期にあった。文政五年の利根川大洪水を契機とする島村蚕種業の上昇期では、両家も例外なく上昇したとみられる。先進の製種技術の習得、大蚕種家への成長には相当な経営努力と継続力を要することから判断して、島村のいっぽうの生業である舟運業が発展段階に入ると同様の天保期に、両家の蚕種家としての地歩《ちほ》が築かれたことは間違いないと考える。

島村蚕種業の台頭

幕府は元治元年（一八六四）九月、ついに蚕種の輸出を解禁した。それにより、同年はおよそ二〇万枚の蚕種が輸出された。以降、翌慶応元年一三〇万枚、同二年六七万枚、同三年七〇万枚の輸出高となった。島村から輸出に振り向けられた蚕種はその優良さゆえに外国商人がこぞって買い求めたところから、島村蚕種は一躍知られるようになり、奥州本場や信州種に伍《ご》す存在となった。

蚕種輸出の増大を目のあたりにして、慶応元年、上州と武州《ぶしゅう》の蚕種家一八三人が「上州・武州新規蚕種仲間」（「田島健一家複写文書」〈群馬県立文書館〉）を結成した。仲間員数では島村のみで四三人と断然多数を占め、島村蚕種業の台頭が歴然となった。

明治に入っても蚕種の輸出はおおむね好調で、島村の蚕種家も明治三年（一八七〇）には一三二戸に増加した。明治十年になるとさらに二三三戸と増加し、島村全体二八三戸の八二％を占めるまでになった。もちろん、島村で蚕種家に転向するのは従来養蚕業に従事していた農民である。

明治十年、群馬県内における主要蚕種生産町村（一〇〇〇枚以上）三九の蚕種数は合わせて約二一万枚、一町村の平均は五三九〇枚となる。だが島村だけで六万五〇〇〇枚と断然の第一位で、群馬県全体四三万枚に対する割合も一五％の高率を占め、島村蚕種業は群馬県内でも擢《ぬき》んでた位置にあった。

島村で製出の蚕種は大部分が輸出に振り向けられた。しかし、日本の蚕種輸出は普仏戦争の影響や欧州生糸《きいと》国における蚕病の克服、養蚕業の回復などにより外需が縮小、明治六年をピークに減退しはじめる。同年を転機にして国内の蚕種業地は内需に向かうことになるが、島村蚕種は製種量も輸出量も明治十二、三年が最盛期であった。島村にこうしたほかの蚕種業地とことなる対応が生じた要因は、明治六年、田島弥平が中心となり村内蚕種家を総動員して設立した島村勧業会社の存在がきわめて大きかった、と指摘されている。

清涼育への模索

田島弥平の清涼育《せいりよういく》は「文久三年（一八六三）よりはじめる」と、後年の編さん書は根拠も示さず指摘している（『群馬県蚕糸業沿革調査書』）。清涼育の開始、すなわち完成の根拠は一体何に求めたのであろうか。

弥平は『養蚕新論』（明治五年）、『続養蚕新論』（同十二年）、『養蚕之方針』（同二十五年）と、三冊の養蚕書を公刊

しており、これらを手がかりの中心として、清涼育完成の根拠を明らかにしてみたい。

寛政末年、島村に製種技術を伝えたのは奥州の種師であった。また文化・文政期には、奥州種を改良した優良な信州種が上州に流入してきた。弥平は文政五年（一八二二）、利根川大洪水の年に島村新地に生まれた。田島家は父弥兵衛が幼年のときと、弥平が十五歳の天保七年（一八三六）と二度にわたり、瓦葺《かわらぶ》き蚕室《さんしつ》を焼失したという。父弥兵衛がこれら焼失の蚕室で行っていた生産は、切り出し種の生産に従事する田島家と、奥州流の製種技術が流入した島村、および奥州種を改良した優良信州種の上州流入とを合わせ考えると、信州種にならい奥州の切り出し種をもとに改良を加えた優良な蚕種造りとみられる。また、養蚕法は当期上州で一般的な寒暑を構わない自然気候そのままに育てる清涼育であった。

父弥兵衛が二度目の焼失後に再建したのも瓦葺き蚕室で、弥平はこの再建時ごろから家業を手伝いはじめた。そして、島村の蚕種業が発展の基礎を築く天保期のおわりごろまでには、父に劣らない製種技術を習得したと思われる。もちろん、修得した製種技術は歩桑を用いる養蚕技術が主体である。

その後、弥平は父とともに、つぎのように清涼育を温暖育《おんだんいく》に転換したと指摘している。その転換時期は、天保期につぐ弘化・嘉永期（一八四四〜五四）が該当しよう。当時、すでに奥州では温暖育が完成の域に達していた。

田島弥平
（『明治農書全集』第9巻より）

奥州の切り出し種を重要な生産基盤としつつ、自立的な蚕種経営を図ろうとする田島父子にとって、奥州における温暖育の完成が養蚕法の転換を図る一因を形成したと思われる。しかし、田島父子が導入した温暖育は数年行っても、得失の償わない結果となった。佐藤友信《さとうとものぶ》を批判しているところから、父子が導入した温暖育は蚕室構造にことさら高い密閉性を求める養蚕法であった。

その少壮のとき奥州の人佐藤友信が著わすところ養蚕茶話を得て、これを読む、その書論ずるところ、もっぱら火力をもって陽気を催促《コシラエ》し、わずかに戸隙《トノアト》より入る風も、陰風、妖風と称してこれを嫌い、北窓を塞ぎ、鼠穴《ネズミアナ》を薫《クス》べ、戸をぬり、門を閉じて、一点の風気を戒めり、先考初めは迷いてこれに従い、その法により て蚕を養うこと数年なりしに、得るところ失うところを償わず、意はなはだ憾《ウラ》めり……

田島父子は温暖育の失敗ののちも新たな養蚕法を目ざし、奥州・羽州・信州・甲州《こうしゅう》・相州《そうしゅう》など養蚕の盛んな地方を廻り、蚕業にかかわる先人を尋ねて、「蚕事ヲ談シ、桑麻《そうま》ヲ論スル」という「困苦勉励《(ママ)》」の研鑽を長いあいだ重ねることになる。

そして、田島父子は温暖育の失敗の原因が蚕室を高度に密閉することで空気が流動せず、そのため蚕の成長に悪影響を与えることにあると考えるにいたり、再び蚕室の空気の流動性を重視する清涼育へ転換を志すようになる。その際に父子が合点を得たのは皮肉にも、温暖育の盛んな羽州の米沢におもむいたとき、寒国にもかかわらず自然のままに養蚕して好結果を得る、つぎのような光景を実見したからであったという（『尋常小学修身書教師用参考書』）。羽州の米沢は奥州本場の福島とともに、田島家が行う切り出し種生産の拠点のひとつであった。

羽州米沢にいたりしに、その地方は養蚕の時季寒気甚《おびただ》しきに似ず、室内を密閉して暖気を籠《こ》めるなどのことを務めず、しかして年々好成績を得るをみて、大に感悟するところあり、これにいたりて、父子ともに謀りて温暖育を廃し、再び清涼育に改め……

したがって、田島父子による清涼育への転換は密閉性を廃し、室内をできるだけ清涼に保つことができる蚕室の構築へと向かうことになるが、その具体化は父の隠居後、弥平の独創のもとに着手された。

蚕室の工夫

蚕室は蚕を飼う専門の家屋である。弥平は安政三年（一八五六）、表門脇の納屋《なや》を梁間《はりま》四間《けん》・桁行《けたゆき》一二間の瓦葺き二階家の蚕室に改造、蚕室二階において相州にならい、平らな莚《むしろ》に蚕を並列して飼育したところ腐敗蚕が多数発生してしまい、収繭《しゅうけん》に失敗してしまう。

安政四年、弥平は空気の流動を良くするため、表門脇蚕室の屋上棟頂部に四尺・三尺の窓戸を三か所設けて飼育したところ、腐敗蚕がまったくない良結果を得ることができた。弥平は蚕室の空気を清涼に保つことができるこの窓戸に、「抜気窓《ばっきそう》」の名を付した。

安政五年、さらに表門脇蚕室の二階四方を破り捨てすべてを窓戸として吹き抜け構造とし、昼夜ともに窓戸を開け放って飼育したところ、豊蚕を得た。

開港の安政六年にはすでに指摘したように、田島家の切り出し種生産が相当な規模に達したことを確認できた。弥平による刻苦勉励の養蚕法開発や相つぐ蚕室の改造、蚕種経営の漸次《ざんじ》的な規模拡大などが生み出された要因については、切り出し種生産という製種技術および蚕種の優良性の上で奥州の蚕種本場に依存する経営から脱却し、蚕種家として自立的な経営を確立することにあった、と考える。

それに、安政六年の開港で、生糸が一躍にして国内第一位の輸出品となり、輸出の激増に触発されて、もともと生糸の生産が隆盛であった上州ではさらなる生産増大の熱気に沸き立ち、養蚕農民が競って生糸生産の源泉である蚕種を買い求め、島村蚕種にも急激な需要がもたらされた。この開港にともなう蚕種需要の増大が弥平の自立化欲求をより強く刺激したであろうことは、想像にかたくない。

そして、田島家に蚕種家としての自立的な経営が明確に把握できるようになる文久三年（一八六三）になると、弥平はまた表門脇の蚕室に改造を加え、空気の流動が自在にできるよう既設の抜気窓を取り払い、四方に窓戸を設けた一部屋を建て増して三階建てとし、大掛かりな吹き抜け構造の蚕室としたのである。

同時に、弥平はいま一棟の大蚕室を得た。すなわち表門の真正面に位置し、屋敷地の中央にある梁間五間・桁行一三間の瓦葺き二階建て居宅を改造し、二階は「養蚕ニ便利ナル一工夫ヲナシ一大蚕室」とした。屋上棟頂部の一工夫とは両端までほぼ全通して設けた抜気窓のことをさし、弥平はこれに「総抜気窓《そうばつきそう》」の名をつけた。

こうして、田島弥平の長きにわたる研鑽と工夫の結晶である総抜気窓と吹き抜け構造の二大蚕室は、文久三年十月にようやく竣成し、弥平はこれを「桑拓園《そうたくえん》」と命名（田島健一家複写文書「文久三年十月吉日　田島桑拓園新造九疇開根風水相応之図」）、清涼育完成の宣言とし、根拠としたのである。

島村式蚕室の成立

弥平が養蚕の時期にもっとも恐れたのは、ときおり訪れる暑気により起きる蚕病であった。蚕は時節がごく冷涼なときには、火力で蚕室を温暖にして凌《しの》ぐ必要があるものの、蚕自体は元来、寒気には強健であるから少々の寒さでも堪《た》えられるが、蚕は暑気には甚《はなは》だ脆弱《ぜいじゃく》で、蚕室に熱気の籠《こ》もることが蚕病を引き起こす最大の要因と、弥平は考えるにいたったのである。春蚕五〇日のあいだにときおり訪れる暑気に対処して、蚕を無病に育てるためには、蚕室の空気はできるだけ流動性を高め、清涼に保つことが肝心であるとし、弥平は清涼育を唱えたのである。

そして、弥平は蚕室を清涼に保つためには、空気の流動が自在に調節できるように蚕室の屋上棟に抜気窓を設け、風通しが良くなるような構造にすることだとし、高度な清涼の確保が可能となる抜気窓こそ「余の発明」と自負した。すなわち、抜気窓蚕室は弥平が唱える清涼育の帰結的構造であり、核心だったのである。

弥平はまた蚕室の間取についても、「蚕室ト器械ト人員ト蚕種ノ分量トヲ定ムルヲ第一トス」として、つぎのような順位をつけた。

第一位　梁間六間・桁行二五間　梁間五間・桁行一七間

第二位　梁間六間・桁行一三間　梁間五間・桁行九間

第三位　梁間二間半・桁行八間　梁間三間・桁行六間　梁間四間・桁行四間

この順位は蚕座《さんざ》と投下の労働力、蚕種の掃立数などを勘案して、最適な蚕室空間を確保するという養蚕経営上の観点から求められた結果であるが、いっぽうで清涼育にふさわしい、抜気窓蚕室の適正順位でもあったであろう。

明治初期の桑拓園
右手前が吹き抜け構造の蚕室，正面奥が総抜気窓蚕室（宮内省書陵部所蔵）

弥平の桑拓園が養蚕に用いる桑畑の面積が判明する。明治初期の地租改正《ちそかいせい》で作成された地券《ちけん》を集計すれば、島村新地に一町四反歩（一八筆）あまり、新地以外では立作・天神・前島・河原割・小諏訪・西島・東川端・稲荷の字地に合わせて一町五反歩（一五筆）あまり、両者を合わせて三町歩（三㌶）あまりの畑地が確認できる。すべて弥平の所有にかかり、これらが桑拓園経営の主な桑畑に相当しよう。この規模はもちろん、豪農《ごうのう》による蚕種経営である。

桑拓園の開園以降、島村および周辺の諸村に総抜気窓あるいは抜気窓を一個ないし数個設ける蚕室構造の家屋が広がったと、弥平は述懐《じゅっかい》している。桑拓園を開園した翌元治元年（一八六四）に蚕種輸出が解禁されると、すでにみたように、島村では慶応元年（一八六五）に四三戸、明治三年（一八七〇）に一三二戸、明治十年には二三三戸と蚕種家が急増し、島村蚕種の輸出も急伸した。こうして、幕末から明治維新にかけて島村は未曾有の蚕種景気に沸き立ち、養蚕農民から転ずる蚕種家が急増、かれらが競って桑拓園にならい抜気窓蚕室を設けるようになったことから、抜気窓蚕室が急速に広がり、周辺の村むらにも同様にして、広がったのである。

昭和末期の研究調査によれば、佐波郡島村に現存する五〇棟の蚕室を屋根の形式により分類すると、つぎのような割合になるという。

切妻造一つ以上の換気付き	二七棟（五四％）
切妻造総換気付き	一〇棟（二〇％）
切妻造換気なし	七棟（一四％）
入母屋造総換気付き	六棟（一二％）

この「換気付き」が抜気窓をさすから、五〇棟の調査結果は弥平の指摘どおり、桑拓園の開園いらい島村には抜気窓をもつ大構えの蚕室が多数広がった様相を示していよう。明治初期の島村にはこれよりもっと多数の抜気窓蚕室が存在していたわけで、島村に多い特徴的な蚕室構造をして島村式蚕室と呼ぶ所以《ゆえん》となったのである。

明治六年に島村の蚕種家が総動員して設立した島村勧業会社では、養蚕はもっぱら空気流通の良い場所へ蚕棚《さんだな》を立て、養蚕者の進退が自在になるように注意し、狭小の場所へは蚕棚を立てないようにと、弥平の唱える清涼育によることを申し合わせた。これは、島村蚕種家の養蚕法がすべて弥平の唱える清涼育であったことを意味する。このように、島村蚕種家の養蚕法は清涼育であり、養蚕は島村式蚕室で営んだことになる。

しかし、弥平の清涼育は自身が晩年の明治なかごろには、「天然七分人為三分」といわれるようになる。天然七分が清涼育をさし、人為三分が温暖育をさすから、これは折衷育《せっちゅういく》である。明治なかごろにはすでに弥平の養蚕法は、清涼育の色合いが濃い折衷育に移行していたのである。

地域の蚕業リーダー

つぎに、田島弥平が自立した蚕種家に成長したこと、および地域蚕種家の指導者となったことを確認する。元治元年（一八六四）九月、江戸幕府は蚕種の輸出を解禁した。同じ九月、蚕種本場の奥州では桑折《こおり》代官所が管内の一部蚕種商人の歎願を受け、不正蚕種の取り締まりを掲げて、武州・上州・下野・信州四か国の蚕種家に対し、冥加永《みょうがえい》一二五文の上納を条件に、桑折代官所の蚕種鑑札《かんさつ》を交付する蚕種規制を実施に移した。蚕種鑑札は営業免許の証しであり、鑑札を所持しない蚕種家の営業は許されないことになる。鑑札の交付と冥加永の徴収などの実際は本場商人が請け負う嘆願内容であったから、そこには当然、奥州本場商人による蚕種商売の利益独占という目論見があった。それに対し、上州の田島弥平、武州の尾高惇忠《おだかあつただ》らが中心となり岩鼻《いわはな》代官所に課税の反対を訴え出たとしているが、その時期は文久・元治のころとして、必ずしも明確ではない（『日本蚕糸業史』第三巻）。

奥州の本場商人による冥加永上納を条件とする蚕種商売独占の目論見について、近年に公表された『享和以来新開記』（伊勢崎市連取《つなとり》、森村恒之家文書）では、上州と武州の蚕種仲間のなかに、奥州の特権商人と結び商権を独占しようとする本庄《ほんじょう》組と、これに対立する島村組とに分裂し、つぎのような確執が生じた、と指摘している。

島村組では「田嶋武兵衛ほか六、七人不承知にて、当国において商売いたし候に、他国の鑑札取るべき次第これなく、我らにおいては支配もこれあり候ことにそうらえば、自分の支配へ相願い商売いたすべし抔《など》とて、さらに取りあい申さず候」と、桑折代官所が交付する「鑑札」により他国の上州商人が商売することは受け入れられないとして、「岩鼻役所へ伺い申しあげ候ところ、代官中山誠一郎様の仰せに、他国の支配より鑑札取り受け候におよばず、この方より右渡世差《とせいさ》し赦《ゆる》し遣《つか》わし候あいだ、勝手次第いたすべし」と、岩鼻代官中山誠一郎より無鑑札の蚕種商売は勝手次第の許しを得たという。

そして、これら両組の対立および島村組による岩鼻代官所への出訴、無鑑札営業免許の時期を文久三年（一八六三）としている。

『享和以来新開記』では、代官中山誠一郎が岩鼻代官所に在陣した時期を「元治元年子五月廿八日より慶応元年丑十一月十八日まで」としている。いっぽう、幕末の岩鼻代官所管内で対立を生じた蚕種仲間といえば、さきにみた慶応元年（一八六五）結成の「上州・武州新規蚕種仲間」しか該当しないことから、両組の対立時期も慶応元年以外には求められない。したがって、島村組の岩鼻代官所への出訴は、中山誠一郎が岩鼻代官所在陣の元治元年と慶応元年のどちらかといえば、慶応元年ということになる。もちろん、島村組の「田嶋武兵衛ほか六、七人」のなかには、田島弥平、尾高惇忠が含まれたであろう。

つぎに『群馬県蚕糸業史』下巻には、元治元年九月の桑折代官所が島村の蚕種家嘉兵衛に交付した本場蚕種鑑札を示しつつ、上州の田島弥平と武州の尾高惇忠らが岩鼻代官所に訴え出て、「若《も》し蚕種運上金を納税することになれば、他国の役所に納めるよりも、自国の岩鼻代官所に上納するほうが至当であるとし、上武蚕種家の衆議は二人を推したことから、一時紛擾《ふんじょう》をきたし、充分行われなかった」と、島村の蚕種家栗原勘三《くりはらかんぞう》の懐旧談を載せている。弥平らは納税先の代官所を問題としたが、出訴の趣旨は『享和以来新開記』と同様、他国の商人の支配を受けない、である。

これらから、奥州本場商人の蚕種商売独占の目論見は、元治元年の蚕種輸出解禁に合わせた動きであり、弥平らが岩鼻代官所に反対を訴え出た時期も、文久・元治のころでも、文久三年でもなく、慶応元年であったことが明らかとなる。

そして、弥平の出訴理由も蚕種冥加永の課税に反対だったわけではなく、奥州本場商人やかれらにつらなる上州・武州など地元の一部商人らによる蚕種商売の独占に反対だったのであり、商売独占の目論見も阻止されたことが判然となる。この事実は弥平がもはや、製種技術においても、蚕種商売においても、奥州蚕種本場に依存する経営から遠く離れ、自立した蚕種家に成長した証しとみることができる。

さらに、島村蚕種家たちの先頭に立ち、代官所に訴え出て、利害をことにする蚕種家たちによる目論見阻止に成功した事実は、弥平が島村の蚕業リーダーにみとめられたことを示す証しともなろう。

3 渋沢栄一と殖産興業

宮中の養蚕

宮中で養蚕を行うようになったのは、明治四年（一八七一）が最初である。国富の一大源泉である蚕糸業《さんしぎょう》を殖《しょく》産興業《さんこうぎょう》に結びつけるため、国家の中枢に位置する宮中みずからが養蚕を行い「範《はん》を国民に垂《た》れさせ給《たま》う」ところに真の目的があった。もちろん、養蚕の実際は蚕《かいこ》の飼養《しよう》技術に長けた養蚕功者が教師役を務める。

島《しま》村による宮中養蚕奉仕は明治四年の初回から前後四回、表2のような世話方・奉仕者数・養蚕方などで行われた。世話方は養蚕全体の教師役で、四年が田島武平《たじまぶへい》、五年・六年・十二年は田島弥平《やへい》が務めた。奉仕者が給《きゅう》桑《そう》などの飼養を分担し、養蚕方は世話方のもとでこの奉仕者の監督などに従事する。宮中養蚕で世話方などから実際に養蚕教示を受けるのは、宮内省の役人である（『日本蚕糸業史』第一巻）。

ただし、明治六年は五月五日に皇居が炎上、そのため蚕室《さんしつ》にあてていた吹上御苑《ふきあげぎょえん》も焼失したところから、養蚕は途中で放棄された。

明治十二年は青山《あおやま》ご所《しょ》に蚕室を新築し、宮中養蚕が復活、田島弥平が養蚕教師となり、華族の養蚕伝習が行われ、養蚕は当年も豊熟であった。

島村がたずさわった宮中養蚕では蚕種《さんしゅ》は島村産を中心に用い、養蚕法はもちろん清涼育《せいりょういく》で、明治六年を除きいずれも収繭《しゅうけん》は豊作であった。

宮内省では明治四年の奉仕者荒木太七郎（榛沢《はんざわ》郡新戒《しんがい》村）に賞金、田島太平妻タカ・田島伊三郎娘マツ・栗原茂平娘フサ・飯島元十郎妻ソノ、の四人に木盃《もくはい》・烟具《えんぐ》・袂入《たもといれ》を賜わった。

明治五年の宮中養蚕では、栗原茂平（佐位《さい》郡島村）に賞金、田島弥平娘タミ・田島平内妻ヒサ・田島弥三郎娘ヒサ・栗原九平娘イチ・栗原三郎平娘ワキ・栗原惣平娘ヒサ・宮崎有敬娘ユウ・宮崎伝蔵娘タイ・永井彦太郎娘アイ・関口小平次娘いゐ・田島太郎娘リヤウ・栗原重平娘ヨシ、の一二人に木盃・烟具・袂入を賜わった。

表2　島村による宮中養蚕奉仕

	世話方	奉仕者数	養蚕方
明治4年3月～5月	田島武平	4	荒木太七郎
明治5年3月～5月	田島弥平	12	栗原茂平
明治6年3月～5月	田島弥平	7	
明治12年4月～5月	田島弥平	17	

渋沢栄一と宮中の養蚕

さて、宮内省では明治四年に養蚕をはじめるにあたり、教師役の選定を大蔵省に命じ、当時、大蔵少丞で改正掛長兼務の渋沢栄一《しぶさわえいいち》が選ばれた。省内の並みいる高官は武士出身者ばかりで、宮中で教師役を務められるほどの養蚕通は、農民出身の渋沢しかいないという大蔵省高官の意見が選任の理由であった、とされる。

しかし、渋沢が養蚕通なのは、何も農民出身だったからだけではない。渋沢はよく知られているように、武蔵国榛沢郡血洗島村《ちあらいじま》（埼玉県深谷市）の出身である。血洗島村は養蚕が盛んで、その養蚕知識の蓄積と養蚕の盛業ぶりを背景にして、渋沢の伯父にあたる渋沢宗助《そうすけ》は、みずから修得した養蚕技術を『養蚕手引抄』（安政二年）にまとめ公刊したほどである。宗助自身は、養蚕・蚕種などで巨財をなしている。

渋沢の生家でも稲麦《いなむぎ》や藍玉《あいだま》の製造・販売のほかに、養蚕を家業としていたが、渋沢が在村時代にその才気を発揮したのは稲麦や養蚕ではなく、藍商売においてであったという。

しかし、明治二十五年に改築された渋沢生家を一見して明らかなように、屋根には田島弥平考案の総抜《そうばつ》気窓《きそう》を構え、島村式蚕室そのものである。渋沢生家の構造は改築前と同様であったから、生家の養蚕法は清涼育であった可能性が高い。渋沢は家業を手伝うことにより、あるいは伯父宗助の影響などで養蚕にも通じていたとみられる。そして渋沢の養蚕通は明治のはじめ官途についたあと、富岡製糸《とみおかせいし》場《じょう》の創設、輸出蚕種の規制、養蚕奨励など殖産興業の職務遂行過程においてより深まり、かつ発揮されたと考えられる。

渋沢自身は職務が多忙で暇がなく、養蚕そのものにも教示できるほどの力量は望めなかったから、教師役には島村の田島武平を推挙した。岩鼻《いわはな》県は明治三年十一月に民部省に対し、上州《じょうしゅう》佐位郡島村の田島武平を明春から差し出す回答を上申し、許されている。これから、渋沢が武平を推挙した時期は三年閏十月ごろが妥当しよう。

渋沢の蚕業人脈

渋沢栄一と武平は縁者である。渋沢のいとこに渋沢喜作《きさく》がおり、尊王攘夷運動や一橋《ひとつばし》家に出仕などで行動をともにした親友であるが、喜作の姉シゲが武平に嫁していた。

しかし、渋沢の武平推挙の理由は、単に縁者だったからだけではないであろう。武州《ぶしゅう》の血洗島村から北方へわずか二キロたらずの利根川《とねがわ》沿いに、上州の島村がある。渋沢宗助は『養蚕手引抄』のなかで、血洗島村の位置を「刀根鴉《からす》二水合流南浜」と端的に表現したが、武州と上州と属する国はことなっても血洗島村は島村と同じ利根川の「南浜」にあり、経済圏も同じくし、蚕種家でもあった宗助は島村蚕種家が多数加わる蚕種仲間の一員であった。

田島武平と田島弥平はともに島村蚕種業の創業家に属する。島村式蚕室の考案者弥平と尾高惇忠《おだかあつただ》は、ともに奥州本場商人の蚕種商売独占に反対するため慶応元年、岩鼻代官所に訴え出るほどの旧知の仲であり、同志である。尾高惇忠は血洗島村の東隣にある下手計《しもてばか》村出身、渋沢のいとこにあたり、渋沢に論語を教え、書を教えたことでよく知られる。尾高家の家業は「米、穀、塩、油、藍」などの売買を行い、尾高自身はとくに地域の特産である藍作《あいさく》に関心を寄せ、明治二十年代にはつぎのように藍作の著書を三編も出版するほどに精通し、この藍作との深いかかわりが、かれの号名「藍香《らんこう》」の生まれる所以《ゆえん》になった、と思われる。

明治二十一年　『藍作改良意見書』

〃　二十三年　『藍作指要』

〃　二十八年　『製藍新法』

いっぽう、尾高は渋沢宗助が著した『養蚕手引抄』の出版を手伝ううちに養蚕にも興味をもつようになったといわれるが、これをきっかけにその後は養蚕について研鑽を重ね、明治二十年代には、つぎのように二編の養蚕書を著している。

明治二十一年　『後蚕飼養方《ごさんしようほう》』

〃　二十二年　『蚕桑長策《さんそうちょうさく》』

「後蚕」は秋蚕《あきご》をさし、『後蚕飼養方』は秋蚕の利点に言及する短編である。『蚕桑長策』では、春蚕《はるご》との比較で秋蚕の利点を詳解するとともに、秋蚕の沿革にも触れ、埼玉県榛沢郡において秋蚕の開発に伴い生起した蚕種製造組合条例違反の訴訟についても、詳論している。これらの養蚕書は蚕糸業にかかわる知識が豊富で、蚕糸業に精通していなければ詳解できない内容に満ちており、この蚕糸業に明るい特性こそ、尾高が民部官僚となり、蚕糸業施策の上で果たしたさまざまな功績の源泉になったと考えられる。

尾高は明治三年二月には民部省監督権少佑に任官し、同年閏十月に「民部省庶務司上州富岡製糸場ヲ管ス」として、富岡製糸場の民部省所管が決定すると、尾高は民部省庶務少佑にすすむ。これらから判断して、尾高は三年閏十月ごろに渋沢が推挙した武平の宮中養蚕教師についても、民部官僚としてその仲介に深くかかわったと考えられる。

渋沢と尾高および田島弥平・武平の蚕業人脈が明確となる、用務日記が存在する（『富岡製糸場誌』上）。明治三年閏十月に民部省の富岡製糸場所管が決まると、尾高は民部省庶務少佑として、杉浦譲《すぎうらゆずる》およびお雇い外国人ブリュナら一行とともに岩鼻県富岡におもむき、製糸場建設地の買収、工場敷地の測量などの調査に従事した。調査をおえて帰京の途中、十一月四日に、尾高は一行を島村の田島武平家に案内し、「路の傍外一軒蚕室の模様一覧」と、島村式蚕室の模様を一覧に供した。同日は武平家に止宿し、「薄暮《はくぼ》より血洗島村青淵《せいえん》兄郷里を尋訪す」と、一行は渋沢生家を訪い、同家での歓待は深更まで続いた。「青淵」は渋沢の号名、もちろん、渋沢自身は東京で官僚職務に従事しており、生家に所在していなかったことはいうまでもないが、これから渋沢と田島弥平、武平および尾高につらなる蚕業人脈が明白に確認できよう。

それと島村の舟運業《しゅううんぎょう》は、中瀬河岸《なかぜかし》で血洗島村とつながりがあり、利便であった。血洗島村は蚕種・養蚕・交通と、経済圏が島村とまったく同じなのである。渋沢は出身地の至近距離にあり、地域も経済圏も同じくする島村の蚕種業、島村式蚕室、弥平の清涼育などを自身の実見によっても、人脈の上からも、職務を通じても、充分に知り得る位置にあったのである。

宮中養蚕の教師役

これらから、渋沢が田島武平を宮中に推挙した真の理由は、殖産興業を推し進める渋沢が、殖産興業の範たる宮中養蚕を成功に導く教師役として、みずからの実見を通じ、人脈や職務の上でも、その養蚕巧者ぶりをよく知る島村の田島弥平・武平に期待をよせるところが大であったから、と判断されよう。

田島弥平は後年、蚕業上の功績により緑綬褒章を授かるが、「国立公文書館」が所蔵する公文書にはその受章理由が、つぎのように示されている（「群馬県平民田島弥平へ緑綬褒章授与ノ件」〈『公文雑纂』明治二十五年・第三巻・内閣三〉）。

別紙農商務大臣申牒《ちよう》、群馬県平民田島弥平賞与の件審査候ところ、右ハ夙《つと》ニ意ヲ蚕種製造ニ用ヒ、明治六年中、本村同業者ヲ結合シテ精良ノ蚕種ヲ製シ外国人の信用ヲ得、嘗《かつ》テ蚕児飼育法ヲ発明シ、蚕室ヲ改築シ、原種貯蔵、桑樹栽培法ニ改良ヲ加え、さらニ養蚕新論ヲ著シ飼育ノ普及ヲ計リ、また伊仏両国ニ渡航シテ蚕業上ノ実況ヲ巡覧シ、大ニ得ル所アリ、帰朝ノ后《のち》同業者ニ詳演シテ裨益《ひえき》ヲ与え、また数年間海外ニありテ直輸販売ノ途ヲ広メ、本邦蚕種ノ声価ヲ高カラシム、その効尤《もつと》モ顕著タリ、特ニ青山ご養蚕所養蚕教師ト為リ、多量ノ繭ヲ収メ、恩賜《おんし》ヲ蒙《こうむ》ルなど、その実業ニ精励シ、衆民ノ模範タルベキ者につき、褒章条例ニより緑綬褒章下賜相成り然るべきモノト認定候条、この段上申ス

〔明治二十五年十月五日決裁〕

さまざまな功績のなかでも、弥平を教師役とする宮中養蚕の成功が特記されているところから、渋沢栄一の思惑は的を射た証しとなろうが、ここでは田島弥平を「養蚕教師」と称したところに注目しておきたい。ところで、渋沢栄一の大蔵省任官は明治二年（一八六九）十月、任官の端緒は明治維新政府がすすめた蚕種輸出規制の失敗と深くかかわる。つぎに、幕末から明治維新における蚕種の輸出規制をみることにしよう。

幕府の蚕種貿易

元治元年（一八六四）、江戸幕府が蚕種の輸出を解禁すると、蚕種はただちに輸出の首座にあった生糸《きいと》に匹敵するほど伸張した。しかし、生糸生産の源泉である蚕種の過大な海外流出が国内養蚕業の減退、生糸生産の縮小などを生む温床ともなり得るところから、江戸幕府は蚕種の輸出規制を実施に移した。

慶応二年（一八六六）正月、江戸幕府は「蚕種改印令《さんしゆかいいんれい》」を布達し、同年五月からの実施を明らかにした。蚕種の生産と流通の規制が印鑑を用い、改めの証明とするところから、蚕種改印令と呼称する。

蚕種改印令では、蚕種生産地の代官所において公領・私領ともに蚕種家に幕府が発行する鑑札《かんさつ》の所持を義務づ

け、いっぽうで、蚕種の原紙に改印し、冥加永《みようがえい》を課した上、これを鑑札所持者に配付、鑑札所持者には蚕種原紙の裏面に、国名と生産者の氏名を明記させたのちに、売りさばきを許すことにした。また、輸出用の蚕種は最寄りの代官所で改印を受けさせ、冥加永を課したのちに、横浜への積み出しを許すことにした。改印令は国内用・国外用の蚕種ともに改印をほどこして、蚕種の検査と課税の明証とし、蚕種の輸出を規制するもので、幕府の倒壊まで実施されることになる。

蚕種改印令では蚕種原紙にかかる冥加永は原紙代価の一割とし、外国向蚕種の冥加永は本部一枚（蚕種紙二枚）につき永一〇〇文、原紙冥加永の七割、蚕種冥加永の半額は鑑札の交付事務、原紙の買い集めと改印、外国向蚕種の改印などを請け負う肝煎《きもいり》の手数料と予定していた。

慶応二年三月に任じられた関東八か国と甲州《こうしゅう》・信州《しんしゅう》・越後《えちご》・陸奥《むつ》・出羽《でわ》の合計一三か国、四三人の肝煎が、つぎのように判明する（『享和以来新開記』）。

○奥州　○出羽　○常陸《ひたち》　○下野《しもつけ》　○下総《しもうさ》　以上五か国

奥州中瀬《なかぜ》村　安部文右衛門
〃　宍戸儀左衛門
〃　彦次郎
奥州長倉《ながくら》村　伴六
奥州板谷《いたや》村　文七
奥州桑折《こおり》宿　為作
奥州南小泉《みなみこいずみ》村　隆作
下総布施村　半平

下総布施《ふせ》村　東助
野州河原《かわら》村　弥蔵
〃　国松
ほか二　角兵衛
堅之助
清兵衛

〆一四

○信州　○越後《えちご》　以上二か国

信州野沢《のざわ》村　宇兵衛　　武州上仁手《かみにって》村　小兵衛

〃　重左衛門　　〃　吉太郎

上州権田《ごんだ》村　勘兵衛　　武州不動岡《ふどうおか》村　伝左衛門

〃　亭助　　ほか二　徳市郎

武州常泉《つねいずみ》村　弥兵衛　　三左衛門

武州和戸村　七左衛門　　〆一一人

○上州　○武州　○上総《かずさ》　○房州《ぼうしゅう》　以上四か国

上州連取《つなとり》村　源兵衛　　ほか二　芳蔵

上州国分《こくぶ》村　勝蔵　　八十七

上州島村　庄太郎　　源兵衛　帳　伝左衛門

〃　勘左衛門　　伝八郎　帳　曽平

武州牧西村　治太夫　　〆九人

○甲斐《かい》　○武蔵《むさし》　○相州　以上三か国　武州のうち岩鼻づけ六郡除ク

相州八菅《はすげ》村　喜左衛門　　九兵衛

〃　繁右衛門　　伝八郎　帳　覚左衛門

相州川井《かわい》村　伝八郎　　源兵衛　帳　権左衛門

甲州鳥沢《とりさわ》村　五郎左衛門

相州　五郎左衛門

五郎左衛門
繁右衛門　甚九郎　――　〆九人
帳

蚕種の課税と世直し一揆

だが、江戸幕府の蚕種改印令がもつ蚕種の輸出規制は名目に過ぎず、真の目的は解禁後一躍好調となった蚕種輸出に着目し、冥加永を課税、幕府財政の補てんとすることにあった、とされる（『横浜市史』第二巻）。元治元年（一八六四）に蚕種輸出が解禁となると、翌慶応元年には、輸出蚕種の規制を名目に奥州蚕種本場商人の鑑札交付、徴税などの請負による商売独占の目論見が表面化した。慶応二年五月から実施を予定する幕府の蚕種改印令も、輸出蚕種規制を目的に鑑札交付、徴税などを蚕種商人の肝煎に請け負わせるなど、蚕種本場商人による前例とまったく同内容であったことから判断して、蚕種改印令の目的は課税による幕府財政補てんに加えて、幕府による蚕種貿易の独占にあったことが推測される。

改印令の実施が差し迫った二年四月、岩鼻代官所は伊勢崎《いせさき》町寄場《よせば》組合村むら役人に対し、当年は幕藩領とも、蚕種商人どもが蚕種原紙を買い入れてこれに「名印」し、製種前に岩鼻代官所へ差し出して改印を受け、原紙一〇〇枚につき永三〇文を納めたのちに製種、国内用の蚕種は売買を自由とするが、輸出に廻す横浜行きの分は、最寄り肝煎のなかから「浜行種紙取扱候者」を同道して、岩鼻代官所へ差し出して改めを受け、その際には本部一枚（蚕種紙二枚）につき冥加永一〇〇文を納めるべしとし、改めが多分なときには肝煎どもを陣屋に詰めさせ、また、遠隔地の場合には最寄り出役のついでに改めを受けるよう、などと達した。

これが正月改印令の岩鼻代官所管内布達であることはいうまでもないが、肝煎の役廻りは浜行を扱う蚕種家が代官所で改めを受けるときに同道するか、浜行が多分なときに代官所に詰め合うだけに過ぎない。本来、肝煎の役回りは蚕種原紙の買い集め、その改印、原紙の各蚕種家への配付、原紙冥加永の徴収にあり、冥加永の七割が予定の手数料である。この本来の役廻りを三月の肝煎任命から改印令実施の五月までにおえることは、相当な難事であり、むしろ不可能事であった。だから、蚕種家が買い入れる原紙に蚕種家個人の名前を「名印」し、製種前に代官所へ差し出して改印を受けさせ、原紙一〇〇枚につき永三〇文を納めるとして、肝煎本来の役廻りを否定したのである。

改印令の実施が差し迫っている窮余の策とはいえ、これでは肝煎が手にする手数料は、代官所への同道と同所への詰め合いが予定されるに過ぎず、原紙冥加永の七割を予定する手数料は画餅《がべい》に帰したことになる。改印令の目的が蚕種の輸出規制は名目であって、蚕種家に対する原紙冥加永と蚕種冥加永の課税による幕府財政の補てんにあったことは、これら肝煎の役廻り、手数料などのことからも明らかである。

慶応二年正月、幕府は輸出の首座にある生糸にも同様な内容の改印令を発し、蚕種と同じく五月からの実施を幕藩領に厳命した。しかし、蚕種家への課税と、養蚕農民の生活に直結する生糸への課税の実施は、開港いらいの政治的動乱と急激な物価騰貴《とうき》に呻吟する広汎な蚕糸小農民を蜂起させ、同年六月、蚕種業が盛んで養蚕業も盛んな奥州信達《しんだつ》地方の改印反対一揆、関東の上州・武州の世直し一揆がほぼ同時に生起する一大要因となったのである。

明治維新政府と蚕種貿易

慶応三年（一八六七）十月の大政奉還《たいせいほうかん》により江戸幕府は崩壊、同十二月、王政復古の大号令により維新政府が京都に成立した。翌四年一月の鳥羽伏見《とばふしみ》の戦いを契機として、戊辰《ぼしん》戦争に突入、新政府軍は東征を開始した。同四月、大総督府参謀西郷隆盛《さいごうたかもり》と旧幕府軍事総裁勝海舟《かつかいしゅう》とのあいだで江戸城無血開城を締約、閏四月から五月にかけて、新政府軍は旧幕臣などからなる彰義隊《しょうぎたい》と戦い、上野《うえの》戦争で敗走させた。いっぽう、新政府は江戸城明け渡し後の旧将軍家を駿河《するが》国七〇万に移して駿府《すんぷ》藩とし、関東地方に広がる旧幕府領を接収して直轄地とした。

駿府藩は明治二年、静岡藩と改称する。

慶応四年閏四月、大総督府会計裁判所は諸藩および代官所に布達し、五月一日から、江戸呉服橋門《ごふくばしもん》内の牧野《まきの》駿《する》河守《がのかみ》邸（長岡《ながおか》藩）に蚕種改所《さんしゅあらためしょ》を設け、同所で輸出蚕種を検査、改印し、蚕種印税を収税、その後に横浜に積み出すことを許し、会計局の印鑑を欠く蚕種紙の取引は厳禁とした（『法規分類大全』租税門　雑税）。代官所は維新政府の直轄地となってもその支配はしばらくのあいだ、旧幕時代の代官が担当した。

蚕種印税の目的は成立してまだ間もない維新政府の財源確保にあり、蚕種が出廻りはじめる六月に間に合わせる急施策である。蚕種印税徴収の布達対象はつぎの一四か国に所在する諸藩、代官所で、全国七三か国中五分の一ほどを占めるにすぎず、養蚕場が多数存在する奥州諸国はいまだ戊辰戦争の主舞台であり、印税徴収対象国の片鱗さえ見受けられない。

諸藩　武蔵　相模《さがみ》　上野　下野　美濃《みの》　信濃《しなの》　尾張《おわり》　近江《おうみ》

代官所　丹波《たんば》　丹後《たんご》　但馬《たじま》　越前《えちぜん》　越中《えっちゅう》　加賀《かが》

慶応四年五月、蚕種改所は民政裁判所の所管に移った。同七月、江戸府は東京府と改まった。この月、民政裁判所は蚕種改所を北八町堀《きたはっちょうぼり》の海賊橋《かいぞくばし》際に所在の松平和泉守《まつだいらいずみのかみ》邸（西尾《にしお》藩）に移し、八月一日から同改所で検査、改印、徴税し、大総督府時代と同様、会計局の印鑑を欠く蚕種の取引を厳禁する、とした。蚕種改所では民政裁判所の役人が指揮し、東京市中の糸問屋が実務を担当することになった。

同年八月、民政裁判所は会計局と改め、蚕種改所は同局が所管した。同九月、明治と改元、一世一元制を採用した。明治元年十月、会計局は京都にあった会計官《かいけいかん》の東京出張所に改められることになり、蚕種改所は同出張所に属した。会計官東京出張所は、龍口《たきぐち》にあった旧幕府評定所を庁舎とした。翌二年三月、会計官東京出張所は会《かい》計官本衙《けいかんほんえい》と改められ、従前の京都本衙は京都出張所とした（『明治財政史』第一巻）。会計官の本拠が京都から東京に移ったのである。

蚕種鑑札の交付

さて、明治元年十一月、海運橋《かいうんばし》際の東京府収税局は、蚕種鑑札の交付を所望する蚕種家の同局への出願をつぎのように関東の直轄地に達した（『法規分類大全』租税門　雑税）。

今般、蚕種紙生糸取締株鑑札相渡候あいだ、その支配所内右渡世の者、東京府海運橋収税局へ願い出候ようお申し渡し成らるべく候、最寄り領主地頭へハそのお方よりお達しこれあり候よう致し度《たく》、則《すなわち》右鑑札別紙雛形相添え、この段お達しにおよばん（別紙雛形略之）

追テ本文願い出候者、村役人奥印の願書持参、尤も村役人差し添えニハおよばず候あいだ、この段お達しこれあり度存じ候

十一月　東京府収税局

江川太郎左衛門殿　古賀一平殿　鍋島道太郎殿

山田市太夫殿　柴山文平殿　大音龍太郎殿

粥川小十郎殿　桑山圭助殿　佐々布貞之充殿

赤松孫太郎殿　成沢勘左衛門殿　石田守人殿

慶応四年五月からはじまった維新政府による蚕種の輸出規制は、蚕種紙の検査、改印、蚕種印税の収税など旧幕時代と同様の制度であった。しかも、蚕種鑑札については、関東進出直後のことでもあり、独自の鑑札を交付する手立てをもっていなかったから、実施は到底無理であった。したがって、東京府収税局が交付を予定する蚕種鑑札は、維新政府が最初に発行する鑑札となる。

維新政府による最初の蚕種鑑札は、実際には「二年六月二十七日、蚕糸製作人ニ株鑑札ヲ下付ス」（『類纂大蔵

省沿革略志』）と、明治二年六月十七日、版籍奉還《はんせきほうかん》の直後、交付を実施している。

維新政府の直轄地に成立した岩鼻県では、明治二年六月七日、「支配所は勿論、旧旗本本領安堵《あんど》并《ならび》ニ社寺領とも洩《も》れざるよう」として、つぎのように鑑札の交付を県内に厳達した。このとき生糸鑑札の交付も同時に実施する予定であったことから、交付の対象者は「蚕糸製作人」である。

蚕糸製作人ども、株鑑札の儀につきかねて相触れおき候、右渡世人ども当月中相違なく、本鑑札東京生産引立会所へ願い出るべし、尤も願人連印の書面、総代の者一両人東京へ持参願い立て候テも苦しからず候、かつそれまでのところ仮鑑札の儀願い出度者は、その段至急願い出るべく候こと

しかし、この岩鼻県達には、蚕種鑑札の交付事務を執り行うのは前年十一月に交付を予告した東京府収税局ではなく、「東京生産引立会所」としている。それに、予告をした東京府収税局であるが、明治初年の財政機関・支署などに同名の機関は諸書のどこにも確認できない。いったい東京府収税局、東京生産引立会所とは、どのような財政機関をさすのであろうか。以下、改廃などが目まぐるしい当期の財政機関を見極めつつ、東京府収税局、東京生産引立会所を解明することにしたい。

商法司と商法会所

維新政府の財政を所管する会計官は、慶応四年閏四月、維新政府の発祥地である京都に設けられた。同年同月、商法司《しょうほうし》はこの会計官に創置、本司を京都両替《りょうがえ》町御池《おいけ》町に設け、主に収税と勧商を職掌した。商法司がもっとも重要視する役割は、不換紙幣の太政官札を流通させることにあった。同月、商法司は会計官大阪出張所に大阪支署をおき、六月にはこれを大阪の旧幕府町奉行所に移し、さらに改元後の九月、大阪中ノ島淀屋橋《なかのしまよどやばし》北に移した。

商法司創置後の翌五月、同司は西京の酒造家に対し、鑑札の交換と、造酒一〇〇石につき金二〇両の冥加金上納を実施した。これが、維新政府による最初の収税である。交換する鑑札とは、旧幕時代のものである。つまり、

水野忠邦《みずのただくに》の天保改革では株仲間を解散させたが、天保十三年（一八四二）、従来の酒造株を酒造稼ぎに改め、新たに酒造鑑札を交付、永久酒造を許した。新政府は天保期のこの旧鑑札を新鑑札にかえ、かつ旧幕時代の酒税を踏襲したのである。

同じく五月、商法司は各地に商法会所の設置をすすめ、商法会所をして、商業および産業振起のため、商人同士による物価評定の許可、商業資本としての官金貸与など勧商事務の執行機関と定めた（『大蔵省沿革志』）。明治と改元後の九月、商法司は商法会所をして、諸商人に対する旧株鑑札の廃停、新株鑑札の交付事務を執らせるとし、つぎのように達した。新株鑑札交付の目的は、諸藩が独自に交付する株鑑札を廃停して諸藩の貿易を禁止し、新政府交付の株鑑札に統一して新政府が貿易を独占するところにあった。

　従前、諸商賈に下付せる株鑑札及び諸商社の私設せる株鑑札を併せて、悉皆これを廃停す、かつ人名簿を上述せる各種の結社および自私の結社并に各種の商売もまた、改めて鑑札を下付せん、それ宜《よろ》しく各自に商業の種類を商法会所に開申すべし

同じ九月、商法司では本司の事務を拡張するためとし、東京の三井・鹿島・島田・竹原らの豪商を抜擢して、商法司知事に任じた。待遇は「俵米各一十口ヲ給付シテ署氏佩刀《はいとう》ヲ許シ、京都・大阪ト同例」（『大蔵省沿革志』）とした。さらに、関東諸国の特産である蚕糸・蚕卵紙の買い占めで巨利を独占する外国商人に対抗するため、内国商人に対し商法司知事による資本金貸与の活発化をうながすよう申し渡した。

同十月、江戸城を東京城と改め、皇居と定めた。事実上の遷都である。この月、海賊橋も海運橋と改められ、海運橋際の蚕種改所は会計官東京出張所の所管となった。

同十一月、海運橋際の東京府収税局が関東の新政府直轄地に向けて蚕種鑑札の交付を達したことは、すでに指摘した。

商法司の東京支署

明治元年十二月、商法司は「本司ノ支署ヲ東京ニ置ク、東京府下北八町堀海運橋側旧西尾藩邸ヲ以テ署廨《しょかい》ト為ス」（『大蔵省沿革志』）とし、東京に商法司の東京支署をおき、庁舎は会計官東京出張所の所管にかかる海運橋際の旧西尾藩邸とした。

翌二年正月、商法司東京支署では、関東諸国の清酒・濁酒・醤油の醸造家に対し「営業准許鑑札」の交換と酒税の徴収など、および搾油業者には「営業准許鑑札」を交付してかれらに東京市中の搾油販売価格を適当ならしめることとし、これら免許鑑札の交換、交付の事務などは、「東京海運橋側ノ生産引立会所商法会所ヲ言フ」（『大蔵省沿革志』）が取り扱うとした。生産引立会所が執り行う免許鑑札の交換は前年五月の西京におけると同様、天保期の酒造鑑札を新政府の鑑札と交換することである。

生産引立会所による免許鑑札の交換、交付の事務が、前年九月に商法司の定めた商法会所による株鑑札の交付事務に相当することは明らかである。つまり、商法司が設ける商法会所とは通称であって、商法司東京支署では産業振起に着目してこれを生産引立会所と呼称し、東京にあるから、東京生産引立会所としたのであろう。

広重筆の東京名所図会「海運橋通り坂本町」の錦絵に描かれている「生産引立会所」の看板を掲げる役所は、正式には商法司東京支署である、との明言がある（「八町堀雑記　九」）。

これらから、明治元年十一月に蚕種鑑札交付を達した海運橋際の東京府収税局に相当する機関は、翌十二月に設置が明らかとなる商法司東京支署、別名、東京生産引立会所の前身機関が該当することになる。前身の機関には、まず会計官東京出張所があげられるが、同出張所は海運橋際ではなく、龍口の旧幕府評定所を庁舎としたから、該当しない。

つぎに、海運橋際には会計官東京出張所の所管にかかる蚕種改所が所在する。蚕種改所では、東京市中の糸問屋が蚕種の検査、改印、収税などの実務を担当した。商法司の事務を拡張するため、商法司知事に任じた東京の三井・鹿島・島田・竹原らの豪商が事務を執るところも、蚕卵紙などを取り扱う内国商人への資本金貸与の活発化をうながす申し渡しから判断して、蚕種改所が妥当である。そして、これら商法司知事の活動を踏まえ、元年十二月に海運橋際の旧西尾藩邸、すなわち、蚕種改所を商法司東京支署とした、と考えられる。十一月段階では東京府収税局と呼称したのであろうが、ほんの一時であった。蚕種改所を東京府収税局としたのは、蚕種印税という収税を取り扱い、かつ大阪支署との名称的なかね合いからであろう。

東京通商司の設置

明治二年三月、京都の会計官は東京出張所を本衛とすることに決定、本拠を東京に移した。このとき会計官の所管にかかる商法司は廃止となり、商法司の取り扱う収税事務は会計官租税司、同じく出納司が引き継ぎ、かつ勧商の事務は通商司《つうしょうし》の帰属となった。通商司は同九月、蚕糸改所を各開港場に分置した。

通商司は明治二年二月の設置で、本司を各開港場におき、当初は外国官が管掌、同五月に会計官が引き継ぎ、翌六月に本司を東京・大阪・横浜に分置した。

東京に分置された東京通商司は海運橋際の元商法司東京支署、別名、東京生産引立会所を受け継ぎ、庁舎としている。通商司の権限は六月の分置直後に、①物価平均流通を計る権、②両替屋を建てる権、③金銀貨幣の流通を計り相場を制する権、④開港地貿易輸出入を計り諸物品売買を指揮する権、⑤回漕《かいそう》を司る権、⑥諸商職株を進退改正する権、⑦諸商社を建てる権、⑧商税を監督する権、⑨諸請負の法を建てる権、の九つと定めている（『明治財政史』第一巻）。

したがって、④開港地貿易輸出入を計り諸物品売買を指揮する権、および⑧商税を監督する権から判断して、岩鼻県達にあるように二年六月に蚕種鑑札の交付事務を実際に取り扱うとした東京生産引立会所とは、会計官が管掌する東京通商司をさすのは明白である。

大隈重信と通商司

明治二年六月の版籍奉還では、会計官を廃し大蔵省が成立する。同八月に改正された職員令では、民部省の職掌を地理・土木・駅逓《えきてい》・租税・監督・通商・鉱山の七司とし、大蔵省は造幣寮と出納《すいとう》・用度《ようど》の二司とした。同月、民部省と大蔵省を合併させたところから、合併省には巨大な財政権、それが後ろだてとなる官業推進、民業奨励など殖産興業の諸事業が集中した。この合併を結実させ集権の頂点に立ったのが、佐賀藩出身の大蔵大輔大隈重信《おおくましげのぶ》である。

大隈の財政改革、殖産興業を担える人材の欲求に応じ、大隈のもとには藩の枠をこえ、伊藤博文《いとうひろふみ》・井上馨《いのうえかおる》・前島密《まえじまひそか》・山口尚芳《やまぐちなおよし》・五代友厚《ごだいともあつ》などいわゆる「開明派」と称する若手官僚が結集したが、なかでも中村清行《なかむらきよゆき》・玉乃世履《たまのせいり》・坂本政均《さかもとまさひら》・郷純造《ごうじゅんぞう》・渋沢栄一など、民政・財政の実務に堪能な旧幕臣が多数となる特色が指摘されている（丹羽邦男『地租改正法の起源―開明官僚の形成―』）。

民部省・大蔵省合併直後の明治二年九月、民部省では蚕種の輸出を規正する理由として、粗悪品の取り締まりをかかげ、東京に加えて大阪と各開港場に改所を設け、輸出向けの蚕種は最寄りの開港場改所で検査、改印を受け、その後に外国人と取り引きし、無改印の蚕種は没収の上厳罰に処するとし、蚕種紙本部一枚あたり税金永一〇〇文という収税の実施を布達した。各開港場改所とは、同九月に各開港場に分置した通商司の蚕糸改所をさすであろう。

しかし、これに外務省が異議を唱える。欧米の資本主義諸国は維新政府に対し、不平等条約に規定する自由貿易主義の遵守を強く要求した。維新政府が民間人の貿易取引を直接あるいは間接に規制することがあると、欧米外交官は自国に有利な妥協が成立するまで繰り返し抗議することが常であった。外務省は外交上、欧米諸国の要求や抗議に配慮せざるを得ない立場にあり、その上今回は収税をとおした貿易の直接的な規制である。当然、外務省は異議を申し立てて猛反対した。

そのため、民部大蔵省の収税をとおした蚕種規制の企図はつぎのように、明治二年十月、ついに実現することなくおわったのである。

> 十月十五日にいたり、民部省また牒達していう、本項に関しては外務省より照会せる旨趣あるにより、あまねくその施行を措閣《そかく》し、日後追令するの日にいたるまで前規に沿仍《えんじょう》してこれを処置すべしと、けだし本項は遂にこれを施行するにおよばずして寝む（『大蔵省沿革志』）

通商司は、明治二年六月に会計官を廃して大蔵省が成立すると同省の所管となり、同八月、民部省・大蔵省の合併では民部省の所管になった。民部大蔵省は開港場改所における収税をとおした蚕種の輸出規制を担当する部局として、同九月、各開港場に設けた通商司の蚕糸改所を想定していたであろう。なぜなら通商司の重要な職掌に貿易の管理事務があり、東京通商司は蚕種鑑札の交付事務をすでに六月の版籍奉還直後におわらせて、政府直轄地の蚕種家を掌握済みであり、各開港場の蚕糸改所と蚕種鑑札を結びつけることで、蚕種の輸出規制は実現の可能性が大であった。

そして、蚕種鑑札交付の真意は、維新政府の鑑札に統一して諸藩の蚕種貿易を禁止し、維新政府が蚕種貿易を独占するところにある。当時、民部大蔵省を主導したのはいうまでもなく大蔵大輔大隈重信であるから、大隈の通商司を介した蚕種輸出規制、維新政府の蚕種貿易独占の意図は失敗に帰したことになる。

『横浜市史』第三巻上は、東京府収税局の活動を伝える唯一の先行書である。同書は、東京府収税局を明治元年十月段階では総督府会計裁判所の後身と正しく掌握しておきながら、二年九月段階では「東京税関」と思われるとし、外務省の異議は東京税関と民部省による二重課税問題としている。しかし、この論が成り立たないことは、自明である。

なぜなら、東京府収税局は東京税関などをさすのではなく、商法司東京支署を受け継いだ東京通商司であることは、すでに明らかにしたところである。その東京通商司は民部省に属したのであるから、民部省と民部省に属する通商司との二重課税問題などは、論外といわざるを得ない。

ただし、東京通商司の収税と、各開港場における通商司の蚕糸改所における収税とならば、東京と東京以外での二重課税が問題となる可能性は残る。しかし、ここはやはり民部省の収税をとおした蚕種の直接的な輸出規制の企図が、欧米外交官から自由貿易主義の遵守を直接迫られる外務省をして、異論を申し立てる主因を形成した、と考えたい。

渋沢栄一の民部省任官

大隈重信の通商司を介した蚕種の輸出規制が失敗に帰した同じ十月、静岡藩士の渋沢栄一が大蔵省に招請され、十一月には民部省租税司の租税正に任官した。渋沢の登用者は無論、開明官僚を求めていた大隈重信であり、推薦者は郷純造であった。

幕末、渋沢栄一は同志の尾高惇忠、渋沢喜作らと尊王攘夷運動に奔走した。文久三年、渋沢は従兄で同志でもある喜作とともに血洗島村をあとにし、政争極まりない京都に上る。翌元治元年、かつて知遇を得た一橋家の用人《ようにん》、平岡円四郎のすすめにより、ふたりはともに一橋家に出仕、武士身分となり、将軍後見職についていた慶喜《よしのぶ》の家臣となる。尊王攘夷の攻撃相手に身を転じたわけだから、相当な葛藤のあったことが想像される。一橋家において渋沢は、兵制改革、経済改革などに尽力した。

慶応三年、渋沢は一五代将軍にすすんだ徳川慶喜の弟で、水戸の昭武《あきたけ》を使節とするパリ万国博覧会行に、書記兼会計担当として随行し、渡欧した。パリ万博において渋沢の興味をもっとも引いたのは、先進の機械を用いてできる工芸品の類である。万博に参加後、渋沢は昭武とともに欧州各国を遊学し、最新鋭の兵器や軍備などの軍事力、その基礎にある科学的な工業生産力につき詳細な知見を得た。しかし、昭武との遊学のさなか、渋沢は幕府の瓦解を知る。

渋沢は改元後の明治元年十一月に帰国し、翌十二月、すでに江戸から静岡に蟄居《ちつきょ》していた前主君慶喜のもとに参上、静岡藩士となる。翌二年一月、渋沢は銀行と商業会社の合本《がっぽん》組織として静岡商法会所を立ちあげ、商品抵当の貸付、定期当座の預り金運用、米穀や肥料などの藩内販売、諸商品の商売などで、短期間のうちに盛業に導いた。同年五月、静岡商法会所は新政府が藩直営の商業活動を規制したところから、その批判をかわすため「常《じょう》平倉《へいそう》」なる古めかしい名称に改めた。

こうして、渋沢が洋行中の遊学などで身につけた銀行や商業会社、近代的な科学文明などの開明的な知識や諸制度、静岡藩士として立証してみせた商法会所の運用実績、経営手腕、および農民出身としての農蚕業知識などが、渋沢が経済官僚として民部省に登用された主な理由と考える。

渋沢は租税正就任直後、みずから提案し設けた改正掛の掛長を兼任、前島密・赤松則良《あかまつのりよし》・杉浦譲・塩田三郎ら静岡藩士から改正掛に抜擢した人材が、のちに鉄道・電信・郵便など欧米の近代技術を移植する積極的な推進者となる。渋沢みずからは明治三年五月、富岡製糸場主任となり（大蔵省百年史編集室『大蔵省人名録―明治・大正・昭和―』）、殖産興業の雄たる富岡製糸場の創設を主導する。いっぽうで、大隈が失敗した蚕種の輸出規制は、これに養蚕奨励を加え、殖産興業へと大きく転換させるのである。

渋沢栄一

養蚕方法書の頒布

明治維新のころ、蚕種を盛んに輸出した国を現在の主な府県域とともに示すと、東北地方を中心につぎの一二か国があげられる（『法規分類大全』租税門　雑税）。東北地方をさす奥州は明治維新に際し、磐城《いわき》・岩代《いわしろ》・陸前《りくぜん》・陸中《りくちゆう》・陸奥《むつ》の五か国に分けた。この五か国と羽前《うぜん》・羽後《うご》を含む東北地方は、全体的に蚕種業が盛んと判断できる。かつての奥州蚕種本場は岩代国、すなわち、福島県に属する。岩代や上野、信濃の蚕種三大生産国に限らず、こうした蚕種の輸出が盛んな国はいずれも、養蚕場と呼ばれる桑畑が豊富で養蚕が盛業な地域をかかえる。

陸奥（青森県）陸中（岩手県）陸前（宮城県）羽前（山形県）羽後（秋田県）磐城（宮城県・福島県）岩代（福島県）上野（群馬県）甲斐（山梨県）信濃（長野県）丹波（京都府・兵庫県）但馬（兵庫県）

明治三年正月、民部省は改正掛の指示により、藩県に対し蚕種取り締まりのため輸出向け蚕種の生産概数および輸出免許鑑札願人の「名前」を取り調べ、二月中に通商司へ差し出すよう達し、三月には調査未済の藩県に対し至急の提出を催促した。これが蚕種輸出規制と養蚕奨励のための基礎的な調査であったことは鑑札願人の名前、すなわち蚕種家名を求めたことから判断される。養蚕奨励と蚕種家がつながるわけは蚕種家が養蚕に精通していたことによる。

明治三年二月、民部省は改正掛の調査立案にもとづき、「養蚕方法書」を府藩県に頒布し、質問の回答期限は七月とした（『法令全書』明治三年）。

養蚕方法書は、①養蚕の改良、②蛆害《そがい》の原因究明、③ヨーロッパの学理書「蛆《うじ》ノ説」頒布とその試験方法、④蚕病「蚕舎利《さんしやり》」の病根究明、⑤カネニナル・ヤスマズ・アカルカイコ・チヂミカイコ・フシカイコ・タレカイコなど蚕病の原因究明、⑥精巧な洋式製糸器械の繰糸法伝習、の六項からなる。さらに②③④⑤には蚕病究明者への褒賞、⑥には伝習希望者の募集と製糸方法書の開示、器械購入の機会供与などの追記があり、全体的に蚕業を改善し良法を求める内容となっている。しかし、養蚕方法書には改正掛や府藩県の官吏など行政官吏がもつ養蚕知識をこえる専門性がみとめられる。

民部大蔵省のもとで洋式器械製糸工場の創設が決定するのは、渋沢が任官した直後の明治二年十二月ごろである。翌三年二月、渋沢は在留仏国人のヂブスケと仏商カイセナイモルを介して、製糸業に精通する仏人ブリュナ雇い入れの画策に入る。同二月に頒布された養蚕方法書の示す洋式器械製糸の繰糸法伝習が、模範による器械製糸の奨励にあることはいうまでもないであろう。これは洋式器械製糸工場の創設決定と同時に、模範工場としての性格が養蚕方法書により公にされたことを意味する。

従来の説では、お雇い外国人ブリュナをして養蚕が盛んで製糸に適した地を求めさせ、三年七月に、製糸場建設地が岩鼻県の富岡に決定した、とされる。しかし、渋沢の履歴では決定とされる前の同五月、富岡製糸場主任に任じられている。この事実は養蚕方法書による洋式器械製糸工場の創設表明からわずか三か月にして、その建設地が富岡に決まったことを如実に示している。短日な決定の背景には、渋沢の蚕業人脈が機能したことをうかがわせる。さらに、製糸場創設地の条件には養蚕・製糸の適地に加え、維新政府の直轄地が挙げられるであろう。府藩県三治のもとで、富岡は新政府が直接支配する岩鼻県に属した。

下問書の頒布

明治三年二月、民部省は改正掛の調査立案により、養蚕方法書と一緒に「下問書《かもんしょ》」を布達し、回答期限を翌三月とした。

下問書では、「蚕卵ヲ製スルヲ業トスル輩」の「養蚕法著述ノ書類」などについて調査した上、養蚕法の要諦を得て手引書にまとめ、これを養蚕地方に配布し、養蚕の改良にあてるとした。この「蚕卵ヲ製スルヲ業トスル輩」が蚕種家をさし、「養蚕法著述ノ書類」が渋沢宗助の手になる『養蚕手引抄』などの養蚕書をさす。

こうした養蚕書は江戸時代二六〇年間ほどで一〇〇冊、そのうち天保期以降幕末までのわずか四〇年間で四〇冊が刊行されるほどの盛況であった。この四〇冊の府県別では福島一五、長野五、石川五、埼玉二、群馬二、山梨・鹿児島・秋田・富山・京都・福井・三重・山口・神奈川各一、不明二の内訳で、かつての奥州蚕種本場である福島県が断然多いが、これら府県別養蚕書の養蚕法は地方・個人によりさまざまで、下問書が求める養蚕法は実に多様であった。

さて、下問書はつぎのように蚕室構造、蚕具とその操作法、養蚕法、製種法、桑樹培養法など養蚕全般について、詳細な調査を求めた。この調査項目にも一般行政官がもち得ないような養蚕の専門知識がみとめられる。

① 養蚕室建築の模様、気候温暖の用いぶり、日除け・風ぬけの手当、窓戸の設け方
② 蚕卵の保存、原蚕卵の選び方
③ 卵の蚕に化すとき、その年桑の様子により、遅速あらしめる法、その遅速についての取り扱いぶり
④ 白繭をつくる蚕、黄繭をつくる蚕の養い方の差異、難易
⑤ 蚕は幼稚のとき、養い方別けて行届くべき理、桑を用いる度数、温度の加減、蚕室の手当
⑥ 稚蚕《ちさん》を桑の花にて飼う善悪および雨露にぬれる桑の善悪
⑦ 獅子休《ししやす》みより庭起《にわお》きまで、休起の順序、日限および手当、蚕裏《こうら》の取りすてよう、桑の度数、温度の分量
⑧ 揚げ方手続、繭になる日限および繭の掻き取り方
⑨ 繭となってのち、蚕のサナギに化す日限および繭の保存
⑩ サナギになってより、蛾《が》に化す日限および蛆となるサナギの因縁
⑪ 蚕卵を紙に取る仕方、温度の有無
⑫ すべて蚕と化して繭となり、繭より蛾となる日限
⑬ 春蚕のほか、夏蚕、または再出と称え卵となり、その年再び蚕に化す因縁

つけたり、右三種の卵を製す法

⑭蚕卵紙一枚本部半枚厚取りにて蛾何個にてできし、その蚕卵数幾粒あるか取り調べ

⑮右紙一枚の蚕を養うに、桑何株馬に何駄備える算当、および蚕室の間取り、蚕具入用の積り

⑯桑樹の種類、地味の善悪および培養の法

⑰およそ蚕に障る気候、品物および蚕病の種類、因縁

⑱すべて養蚕に用いる道具の寸法、絵図ならびに蚕となり四度の休み起りより庭起き後の様子、繭の図、サナギの貌《かたち》、蛆および蛾までのところを丁寧に真写した絵図　ただしこの分は養蚕場一最寄りより一通ずつにてよろしい

尾高惇忠の民部省任官

この下問書とさきの養蚕方法書を立案したのは改正掛であり、改正掛を主導するのは掛長の渋沢栄一である。しかし、両書にみられる専門的な養蚕知識を掛長および改正掛に望むことには相当の困難がある。つまり、養蚕の専門知識を有し、立案や施策に助言できる精通者がいなければ、不可能な行政施策ということができる。

明治二年春、郷里下手計村にいた尾高は静岡藩士渋沢に呼び寄せられ、すぐさま「静岡藩勧業附属」となる。渋沢が立ちあげた合本組織の商法会所を手伝うためであろう。明治二年十一月渋沢が租税正に任官し、改正掛長に就任すると、尾高も上京し、渋沢邸に寄宿した。

翌三年正月、尾高は岩鼻県の備前堀つけ替え計画に郷里の人びととともに反対し、民部省に計画中止を急訴したが、この急訴がきっかけとなり、民部省に任官した。尾高を登用したのは民部省権大丞の玉乃世履であったが、改正掛長渋沢の後ろだてがあってのことであろう。尾高は養蚕方法書・下問書公布の三年二月、民部省監督権少佑となり、すぐさま洋式製糸工場建設の準備に従事したという（荻野勝正『尾高惇忠』）。

明治三年閏十月、富岡製糸場は民部省庶務司が管掌することになった。同月、尾高は民部省庶務少佑にすすみ、富岡製糸場創設の実務を担当することになる。さらに、五年十月の富岡製糸場開業では初代場長に就任した。尾高は蚕種家渋沢宗助の影響からも、みずからの研鑽からも、養蚕に精通し、郷里の武州下手計村と同じ経済圏に属する上州島村の蚕種業、蚕種家の田島弥平、武平をよく知る人物でもあった。慶応元年（一八六五）の奥州本場商人による蚕種商売独占の企図に対し、尾高と田島弥平、武平らはともに幕府の岩鼻代官所に反対を訴え出た同志でもある。

明治三年二月に布達された養蚕方法書・下問書にみられる専門知識、および富岡製糸場の創設地決定には、改正掛長渋沢のもと、蚕糸業に明るい民部官僚尾高および島村の蚕種家田島両人という蚕業人脈のかかわりをうかがうことができる。

蚕種家の褒賞

さて、民部省に寄せられた府藩県の蚕種生産概数とその蚕種家名、養蚕方法書および下問書の回答がどのようなものであったかについては、知り得る手立てをもたない。しかし一定度の調査成果が得られたであろうことをうかがわせる規則が、改正掛の調査立案にもとづき、つぎのように制定された。

民部省・大蔵省の殖産興業にかかわる規則集の原版とみられる「廃版類聚《はいばんるいじゅ》」（国立国会図書館蔵）によると、これら規則は明治三年七月の民部省「諭告《ゆこく》」および「蚕種褒賞規則」（別名、上品蚕種褒賞規則）、八月の大蔵省「蚕種製造規則」、十月の大蔵省「蚕種製造規則附録書」の順序で布告され、蚕種製造規則は翌四年からの実施を予告した。これら規則の布告はいずれも、三年七月十日の民部省・大蔵省の分離後である。

民部省・大蔵省の分離は、直接的には農民闘争などに突きあげられた府県、およびそれを憂慮した参議大久保《おおくぼ》利通《としみち》らの民部大蔵省批判に起因し、民部大蔵省のトップにある大蔵大輔大隈重信の強権を削減し、民部省の権限を太政官三職が掌握できるようにする妥協の改革であったことが指摘されている（松尾正人『維新政権』）。

つぎにこれら規則の要点を、「廃版類聚」にみる。

まず諭告では、蚕種は国内第一の産品ではあるが、本年の大違作、夏蚕・再出蚕・夜付など粗悪品の横行は原種の欠乏をきたし、輸出の衰微におちいり、第一位の産品にとってもっとも憂わしい事柄で、元来、養蚕の豊凶は蚕種の善悪によるから、できるだけ精良の原種を求め、蚕種家もできるだけ精良な蚕種を製造し、売り出すとこそ養蚕増殖の基本である、としている。ここには蚕種の粗悪品を防止し精良品を勧奨して養蚕増殖につなげようとする、民部省による養蚕奨励の企図を見出すことができる。

諭告と一緒に布告された蚕種褒賞規則七か条は、諭告が訴える養蚕奨励の具体化である。養蚕場では最初に最寄りの蚕種家一〇〇人を単位に組合を設け、組合員の公選をもって「篤実研業」な者ふたりを蚕種世話役に選ぶ。養蚕の時節、世話役は組合内で優等と評価した蚕種家の名前と蚕種本部二枚を管轄の地方官に提出する。地方官は一国単位に各組合の世話役を集会させてこれら提出蚕種を鑑定させ、入札をもって優等の上位三位を選び、功《こう》牌《はい》を製して衆人注目の場に掲げて一国限りに公表する。これが一国限り優等蚕種鑑定である。

蚕種世話役は優等三位の蚕種と出殻繭《でがらまゆ》は民部省に送付し、民部省では全国から集まる優等品を「精業研学ノ者」に委嘱《いしょく》してさらに鑑定し、入札をもって上位三等の各等に該当する蚕種家三人を確定、確定者の功牌を新聞などで公開することで、全国に最優秀な蚕種家を公示し、その年の全国優等蚕種鑑定とする。

蚕種褒賞規則は優秀な蚕種家とその優良蚕種の褒賞を通して優良品種の普及をはかり、養蚕奨励に結びつけるのが本旨であった。

「蚕種製造規則」の制定

蚕種製造規則は前文に「蚕種製造布告」をもつ。布告では、製造税則、原紙税則、組合の結成方法、世話役の選出方法、鑑札授与などが蚕種の取り締まりのためであること、および諸藩などが独自に実施する鑑札収与、手数料徴収などを禁止することなどを定めた。

つぎに、蚕種製造規則は全文七か則三七か条からなる大部な規則である。このうち第二則の三か条が蚕種家の組合を規定する。蚕種家は最寄り一〇〇人をめやすに組合を設けるが、組合員の増減はその養蚕場の便宜とし、組合ではふたりの世話役を選出して、交替で世話役を務める。世話役は毎年の蚕種免許高を手もとに調べおき、かつ養蚕の模様、蚕種の豊凶や歩合《ぶあい》、でき高を取り調べ、府藩県に申し出、府藩県は大蔵省に申し立てる、とした。

蚕種製造規則の第一則七か条は、蚕種の製造規定である。大蔵省では世話役が申請する組合内の蚕種家名とその製造凡積数にもとづいて、国内売買・海外輸出の別に「製造免許鑑札」を作製し、府藩県に下付し、府県では世話役を通して各蚕種家にこれを交付する。製造免許鑑札は本部二五枚（蚕種二枚）以上を製造する蚕種家に交付し、二五枚以下には免許しない。製造免許鑑札は毎年でき高改めの時節に更新し、無免許で製造した場合には相当の過料《かりょう》を申しつける、とした。

蚕種の輸出規制

第三則九か条は蚕種の売買規定と税則である。蚕種のできあがりの時節、世話役は組合内を巡廻し、蚕種紙一枚ごとに検査して改印し、員数書を府藩県に申し立て、府藩県では大蔵省より差し廻しの「蚕種売買免許鑑札」に改済の員数をしたため証印し、これを世話役に下付、世話役は各蚕種家に交付する。印鑑は府藩県で保管し、改印の時節に世話役に下げ渡す。蚕種売買免許鑑札へは国内売買用・外国輸出用とも本部枚数をしたため、蚕種紙には蚕種家の居所・名前を調印する。府藩県では蚕種売買免許鑑札を下付する際に、本部二五枚につき二両二分の割合で「製造税」を取り立て、毎年十二月限り、蚕種家別にでき種員数を取り調べ、その取り調べ明細帳をもって大蔵省へ納める。外国輸出の蚕種はさらに通商司において輸出員数を改めた上で改印するが、そのときには蚕種売買免許鑑札を添えて通商司へ差し出す。通商司において改済の蚕種は外国人に売り込むも、国内商人に売るも自由とし、内国売買用の外国輸出用への変更は通商司の許可制とする、などとした。

同じく、第五則四か条は臨時鑑札規定である。試みのため蚕種を製造する者には試業鑑札、その年の模様により蚕種を製造する蚕種家には臨時免許鑑札を交付し、できあがりの時節に改を受け、本種の半額を製造税として支払う。夏蚕・再生・夜付などは願い出次第鑑札を受け、できあがりの時節に改を受け、製造税は本種の半額を支払う。

蚕種製造規則は各蚕種家の生産と販売をそれぞれ免許鑑札により掌握し、かつ販売を規制する手段として蚕種印税を導入、これを出荷の際に課税し、さらに外国向蚕種は通商司において輸出品検査を実施することで規制の強化をはかるのであり、規制の中心に世話役をおく制度である、といえよう。

同規則第六則八か条は蚕種の原紙規定である。原紙の漉元《すきもと》には府藩県が「蚕種原紙漉立免許鑑札」を下げ渡し、漉元はこれを職方《しょくかた》に交付する。府藩県は漉立免許鑑札の下げ渡し前に漉立《すきたて》職方の名前を取り調べ、これを大蔵省へ申し立てた上で下げ渡す。無免許の漉立は厳禁とする。蚕種原紙は府藩県で改済の際打込《うちこ》み印を受けたのちに売買し、無印の原紙は売買を禁止し、違反の場合にはその品取りあげの上過料を申しつける。原紙改めの際、相場代金の二〇分の一の「蚕種原紙税」を府藩県に納める、などを定めた。

十月の蚕種製造規則附録書は二二か条からなり、蚕種製造規則と蚕種褒賞規則に関する詳細な補足説明書である。附録書では世話役の任期を一期四年とし、二期までの重任を許すなどを規定している。

蚕種製造規則による世話役とさきの蚕種褒賞規則による世話役とは、別人が選ばれるわけではない。蚕種製造規則附録書に蚕種製造規則に加えて蚕種褒賞規則の細部な説明があるように、両規則は一体の法規である。蚕種世話役が蚕種家同士の公選で選ばれ、一国限り優等蚕種鑑定、鑑札交付事務、蚕種印税の執行など、すべてを取り扱うのである。

養蚕教師の役割

蚕種製造規則では第二則中に、つぎのような養蚕教諭の規定をもつ。

世話役たる者は素《もと》より蚕業熟練の筈《はず》につき未熟の養蚕家へ方法教諭いたすべし、かつ養蚕の儀につき新発明のことこれあり候ハバ、その筋へも申し立て、組内へも伝習いたすべきこと

ただし、養蚕は桑畑の善悪取調方肝要につき、川つき荒蕪《こうぶ》などにて自然地味宜《よろ》しき場所これあり候ハバ、支配所へ申し立てるべし、支配所取り糺《ただ》しの上当省へ申し立て次第、別段の詮議《せんぎ》を以て開発をも申しつけるべきこと

世話役には「蚕業熟練」という養蚕巧者がなるはずであるから、かれらに養蚕未熟な農民へ養蚕方法を教諭する役割を付与するいっぽうで、養蚕は桑畑の善悪判断が肝要であるから、川原の桑畑開発は府藩県を通じ、世話役に申しつける、とした。河川流域は良桑の適地であり、川原の桑畑開発は蚕種家の得意な分野であった。世話役による養蚕方法の教諭や桑畑の開発は、養蚕基盤の拡大に直結する養蚕奨励である。すなわち、蚕種製造規則は蚕種の輸出規制に加えて、世話役に任じた蚕種家に養蚕教諭や桑畑の開発など養蚕教師の役割を付与することにより、養蚕奨励をも志向する内容であったといえよう。

民部省と大蔵省

ところでこれら規則を『法令全書』にみると、明治三年七月の民部省「諭告」、八月の大蔵省「蚕種製造規則」および民部省「蚕種褒賞規則」、十月の大蔵省「蚕種製造規則附録書」の順序で発令、民部省の蚕種褒賞規則は「廃版類聚」のように七月の諭告と一緒ではなく、「上品蚕種褒賞規則」として、八月の蚕種製造規則と一緒の発

令である。つまり、養蚕奨励を規定する民部省の蚕種褒賞規則に関し、その取り扱いに混乱がみられるのである。この混乱の起因は三年七月十日の民部大蔵省分離により、民部省と大蔵省とのあいだで世話役制の所管をめぐり、一種の綱引きがあったからではないか、と考えられる。

改正掛が民部省の「蚕卵紙褒賞規則案」「蚕卵紙製造規則稿本」にもとづき、その調査立案の作業にはいるのは、三年五月である（丹羽邦男『地租改正の起源』）。二か月後の七月十日に断行された民蔵分離のころまでに、民部省は世話役制について成案を得ていたであろう。八月発令の民部省「蚕種褒賞規則」から判断すると、それは養蚕場の蚕種家一〇〇人をめやすに組合を立て、組合では世話役ふたりを選定するが、選定の方法はつぎのような公選であった。

右公撰法ハ時日を定め、組内の者管轄の官庁へ集会し、銘々撰挙すべき人の名を記したる小札を封印して差出し、入札畢《おわり》て、県官立会の上開封し、その撰に当る人名を稠《ちょうしゅう》衆に宣布し、これを書冊に記し、挙数多き者を以てその組の世話役とし、勤役年限ハおよそ四年を期として、さらにこの法則を以て交代の者を撰挙すべし、その給分ハ一か年試の上にて集議によりこれを定めるべし

いっぽう、蚕種の輸出規制を本旨とする大蔵省の「蚕種製造規則」でも、蚕種家一〇〇人をめやすに組合を立て、組合に世話役ふたりを選定するとしてはいるものの、選定の方法については何ら触れることがない。大蔵省は民蔵分離のころまでに、世話役の選定方法はいまだ成案を得ていなかった、と考えられる。

そこに七月十日、民蔵分離の断行があり、大蔵大輔の大隈重信は大蔵省を去り、かわって民部大蔵省改革を主導する参議大久保利通が大蔵大輔に座った。民蔵分離にともない租税司、改正掛の管掌は民部省から大蔵省に移った。分離後の渋沢は改正掛長のまま、八月、大蔵少丞にすすむ。大蔵官僚に転じた渋沢は、蚕種の輸出規制を是非とも実現させ、かつ養蚕奨励をもすすめなければならなかったから、蚕種製造規則を所管する大蔵省のもと

に、その運営組織をすでに民部省が成案を得ていた世話役制とするため、同省の蚕種褒賞規則と一緒の発令に画策したのではないか。

明治三年十月の大蔵省「蚕種製造規則附録書」では、この蚕種褒賞規則は大蔵省の所管とする内容に満ちている。すなわち、三年十月の段階には、蚕種の輸出規制と養蚕奨励を併せもつ世話役制の所管は、完全に大蔵省のものとなったのである。

翌四年五月、新政府は蚕種製造規則を改正し、改めて当年後半からの実施を予告した。しかし、改正の製造規則では課税による蚕種輸出の直接規制という批難に配慮して、「製造税」を「水陸路修造運上」に、「原紙税」を「検査手数料」に改め、また内国用の外国用への変更は通商司の許可制から届出制にするなどの手直しをほどこしたが、蚕種の取り締まりと養蚕奨励を併せもつ世話役制には何らの変更も加えていない。この改定にも、同年五月、大蔵権大丞にすすんだ渋沢が参画した。

ところで、蚕種の輸出規制と養蚕奨励を併せもつ蚕種世話役制は、つぎにみるように、維新政府が直接支配した岩鼻県において、すでに実施されているのである。蚕種世話役制は、従来の蚕糸業史研究が解明することをまったく無視してきた制度である。また岩鼻県の蚕業政策についても従来、言及する諸書は皆無である。

以下、主に熊谷市立図書館が所蔵する「元素楼《げんそろう》養蚕関係文書」に依拠しながら、岩鼻県の蚕業政策、岩鼻県の蚕種世話役制の一端を明らかにしてみたい。「元素楼養蚕関係文書」は、岩鼻県の蚕種世話役、のちに入間《いるま》県蚕《さん》種大惣代《しゆだいそうだい》を務めた、旛羅《はたら》郡玉井《たまい》村の鯨井《くじらい》勘衛《かんえ》による「用務の日誌」を中心とする、まことに貴重な史料群である。

岩鼻県の成立

岩鼻県は慶応四年六月、上野国および武蔵国北部の児玉郡ほか五郡合わせて七八万石あまりのうち旧幕府領を接収して成立、上野国群馬郡の烏川《からすがわ》北岸の高台にあった旧岩鼻代官所に県庁をおいた。翌明治二年十二月には、廃藩した吉井《よしい》藩領を県内に移管した。もちろん、島村も富岡町も岩鼻県に属し、血洗島村や下手計村は岩鼻県に接し同じ半原藩に属した。

明治四年七月の廃藩置県では岩鼻県は廃県となり、十月二十八日、群馬県（第一次）が成立した。岩鼻県の武蔵国六郡は、入間県が統合することになった。

旧幕府時代では、幕臣の知行地は一か村に複数存在することが多い。各幕臣は自分の知行地に名主《なぬし》・組頭《くみがしら》などの村役人をおいたため、知行地の接収後は当然、一か村の単位で村役人が多数となった。旧幕府領を接収して成立した岩鼻県では、明治二年四月、名主・組頭が多数な村方に対し、「名主は一人ニいたし、組頭も右ニ準じ、人数相減じ申すべし、尤も名主・組頭ども村中人撰、入札ヲ以て取り極め」（「元素楼養蚕関係文書」）と、村中の選挙により名主・組頭を一か村各一人ずつ人選し、新規の「役人願」は、六月二十日までに県庁に申し立てるよう指示した。各村は指示どおり実施した、と思われる。

こうして岩鼻県は一村一支配の原則を採用して村役人の整理を断行、村落の支配機構を県庁のもとに一元化したのである。

いっぽう、府藩県三治の時代、旧幕府の本拠であった関東地方には一か村でも、県域・藩領・寺社領の各支配領域が混在しているのが普通である。つまり各支配領域が多数な郡村内に散在しているわけで、上野国・武蔵国六郡の範囲で、岩鼻県域だけを地図などに明示することは不可能に近い。

『旧高旧領取調帳』は、明治四年七月の廃藩置県直前における全国的な支配領域とその石高を知らせる。上野国・武蔵国六郡の範囲で、岩鼻県・藩域・寺社領の各石高とその割合を郡別に示すと表3のようになる。もちろん、これは維新政府が直轄する岩鼻県域がどの郡に多いかを確認するための集計である。

表3　上野国と武蔵国6郡における岩鼻県域

		県　域	藩　域	寺社領
上野国	利根郡	10,078(32.7)	20,591(66.8)	149(0.5)
	吾妻郡	24,719(98.7)		318(1.3)
	碓氷郡	18,088(43.6)	22,075(53.2)	1,314(3.2)
	群馬郡	8,051 (6.7)	11,198(92.1)	1,552(1.3)
	勢多郡	4,574 (5.9)	72,381(93.7)	306(0.4)
	山田郡	35,208(95.0)	1,650 (4.5)	190(0.5)
	新田郡	52,803(78.6)	12,132(18.1)	2,205(3.3)
	邑楽郡	44,415(55.1)	35,783(44.4)	363(0.5)
	佐位郡	6,794(31.6)	14,498(67.4)	218(1.0)
	那波郡	9,052(31.7)	19,335(67.8)	124(0.4)
	緑埜郡	30,174(95.1)	1,270 (4.0)	294(0.9)
	片岡郡		4,206(98.6)	60(1.4)
	多胡郡	10,759(85.3)	1,783(14.1)	73(0.6)
	甘楽郡	29,704(52.1)	26,039(45.6)	1,302(2.3)
武蔵国	幡羅郡	34,600(88.7)	3,981(10.2)	435(1.1)
	榛沢郡	19,170(61.1)	12,088(38.5)	139(0.4)
	那賀郡	5,649(81.4)	1,263(18.2)	30(0.4)
	児玉郡	25,306(91.9)	2,221 (8.1)	16(0.1)
	賀美郡	11,254(88.9)	1,354(10.7)	56(0.4)
	秩父郡	22,192(71.2)	8,865(28.5)	101(0.3)
	合計	402,600(51.3)	372,720(47.5)	9,254(1.2)

（四捨五入のため100%にならない箇所がある）

各郡は上野国・武蔵国六郡の範囲で大体北から南になるように配し、藩域とは上野国が高崎《たかさき》・安中《あんなか》・前橋・沼田・泉《いずみ》・淀《よど》・岩槻《いわつき》・佐野《さの》・松《まつ》嶺《みね》・小幡《おばた》・七日市《なのかいち》・伊勢崎・一宮《いちのみや》・西端《にしはた》・半原《はんばら》・館林《たてばやし》・峯山《みねやま》・請西《じょうざい》、武蔵国六郡は久留里《くるり》・前橋・忍《おし》・半原・川越《かわごえ》・鳥取《とっとり》などの合計石数、単位は石、（　）内の割合はパーセントを示す。

上野国・武蔵国六郡七八万石あまりの範囲で、岩鼻県域は四〇万石あまりの過半数を占める。岩鼻県域の割合が五〇%をこえる郡は、上野国北部の吾妻《あがつま》郡および南部の山田《やまだ》・新田《にった》・邑楽《おうら》・緑埜《みどの》・多胡《たご》の五郡と、武蔵国の児玉・秩父《ちちぶ》・那賀《なか》・幡羅《はたら》・榛沢・賀美《かみ》六郡である。北部の吾妻郡を別にすれば、岩鼻県域は上野国と武蔵国六郡の範囲では、その南部の地域に集中していることがこの集計から明瞭となる。

岩鼻県の蚕業リーダー

岩鼻県域はこのように広大だが、養蚕場という養蚕・製種の盛んなところは、岩鼻県庁の西部に位置し神流川《かんながわ》と鏑川《かぶらがわ》が烏川に合流する甘楽《かんら》郡と、県庁東部の緑埜・那波《なわ》・佐位・新田など利根川沿いの各郡、および武蔵国北部の児玉・秩父・那賀・幡羅・榛沢・賀美六郡の範囲に展開している。利根川はいうまでもなく、上野国と武蔵国の国境でもある。

明治二年四月、春蚕がたけなわなころ、岩鼻県では中山道《なかせんどう》沿いの榛沢郡深谷、児玉郡本庄、緑埜郡新町の各宿およびその周辺諸村に対し、つぎのように布達した。

養蚕の稼業追年盛に相成り候ところ、気候不順あるいは腐熟に触れ候テは、違作少なからざるより、その害を避け、右業巧者の者ども風通し宜しいよう家作、風抜、家補理《いえほり》候らえば、必ず生育効き宜しく候につき、その手当いたし度ものこれあり候ても、居屋敷は手狭、家は風火盗難防ぎのため、諸竹木生垣など生茂らせ候ものもこれあり、その術行いがたく候哉に相聞候、右ようの次第にては、最早温暑の節に相成り、風通し悪しく、一時の不順に触れ候テ、数十日昼夜丹誠を凝し候も悪違作になり、第一そのもの難渋は申すまでもこれなく、自然ご国益に拘り候儀にもそうらえば、手狭の屋敷、四隣合壁は相互に実意を以て枝葉を伐りすかし、風通し宜しく、腐気を散らし、せいぜい手当いたし、産業のもとを失わざるよう、村むら役人どもより小前へ能よく申し諭し申すべきこと

岩鼻県布達にある「右業巧の者」が管内の養蚕に巧みな蚕種家たちをさすことは、いうまでもないであろう。布達では、蚕種家の多くが「風通し宜しいよう家作、風抜、家補理」した家屋によって、必ず養蚕の「生育」が宜しいから、「居屋敷は手狭、家は風火盗難防ぎのため、諸竹木生垣など生茂らせ」ている養蚕農民も、「手狭の屋敷、四隣合壁は相互に実意を以て枝葉を伐りすかし、風通し宜しく、腐気を散らし、せいぜい手当いたし」として、管内の養蚕農民に対し、蚕種家と同様の風通しの良い家屋構造での養蚕を勧奨する内容に満ちている。

この「風抜」が抜気窓あるいは吹き抜け構造をさすから、風通しの良い構造の家屋による養蚕法は清涼育をさす。すなわち、岩鼻県では県下佐位郡島村で田島弥平が主唱する清涼育と、清涼育の帰結的構造である島村式蚕

室を、県内の養蚕農民に勧奨したのである。

そして、岩鼻県が清涼育と島村式蚕室を自県の養蚕奨励策にみとめた事実は、弥平自身が島村の蚕業リーダーから、岩鼻県の蚕業リーダーにみとめられたことの証しである。

蚕種家の組合

岩鼻県では明治三年八月、「蚕種は当国第一の産物につき、銘々その趣意を篤《とく》と相心得るべし」として、七月の民部省「告諭」を賀美・榛沢・幡羅・秩父・児玉・那賀六郡の各組合村肝煎名主に達し、新規則制定の趣旨徹底を示唆した。ついで十一月、蚕種製造規則・蚕種褒賞規則各一冊ずつを各組合に配付し、肝煎名主より組合村むらへ写しをもって順達するよう指示した。

翌四年二月、岩鼻県は「今般、養蚕勧業かつ取り締まりのため」として、蚕種世話役の選挙を下命し、世話役には「養蚕場管轄地の模様にしたがい、最寄りにおいて組を立て、一組概算百人と相定め、組中、篤実研業の者ふたりを撰挙し、その組内の世話役とすべし」として、組合内の「篤実研業」な養蚕巧者を世話役に選ぶようながした。

その際、岩鼻県はただしとして「組合方の儀は平常の組合村に限らず、肝煎名主にて会談の上、弁利よく組合相立て」と、指示している。この場合、「限らず」として否定された平常の組合村とは、改革組合村をさす。

改革組合村は文化二年（一八〇五）設置の関東取締出役のもと、文政十年（一八二七）に関東八か国の諸村に設けられた組合村で、警察的取り締まりと経済統制を行うための組織である。三か村から数か村で小組合を結び、一〇か組合ほどで大組合を編成、小組合には名主のなかからひとりずつ小惣代を選び、この小惣代から大惣代を選ぶ。大組合の中心となる宿村《しゆくそん》が親村で、親村に寄せて編成するから普通は寄場組合村と総称し、具体的には親村の名を冠称して、たとえば本庄宿組合、熊谷宿組合などと呼んだ。寄場組合村には肝煎名主などの寄場役人をおき、小惣代などと組合村の世話をさせた。
寄場組合村の編成については一方的に関東取締出役案によったのではなく、村側の運動により村側の意向を反映させた編成がなされたという（桜井昭男「文政・天保期の関東取締出役」〈関東取締出役研究会編『関東取締出役―シンポジウムの記録―』〉）。慶応四年三月、岩鼻代官所詰の関東取締出役渋谷鷲郎《しぶやわしろう》が、攻め上る官軍に対抗するため組織しようとして結局は失敗におわった農兵銃隊も、その編隊の基礎のひとつは本庄宿組合村であった。しかし、岩鼻県はこのような寄場組合を否定したのである

寄場組合の編成は、幕領・藩領・旗本領・寺社領などの支配領域にかかわりのない枠組みであった。当該期、上野国には維新政府が直轄する岩鼻県のほかに、前橋・高崎・沼田・安中・伊勢崎・小幡・七日市の七藩と、泉・淀・岩槻・佐野・松嶺・一宮・館林・西端など諸藩域があり、武蔵国六郡にも半原・峯山・古河《こが》・佐倉・久留里・忍など諸藩域が混在していた。

しかし、旧幕府時代の制度が明治四年の段階で、支配領域をこえて寄場役人および大惣代や小惣代などにより、警察的な取り締まりと経済統制などの組合村機能が果たされていたとは、到底考えることができない。岩鼻県が否定したのは形骸化した組合村の枠組みと考えられる。岩鼻県は養蚕場における蚕種家のありように応じ、「弁利」よい枠組みによる組合の設立をうながしたのである。

明治維新当時、幡羅郡全体の村数は五七か村（『旧高旧領取調帳』関東編）、このうち蚕種家一〇〇人をめやすに成立した組合を構成する村名とその組員数は、表4のとおりである。村数一九か村、組合員

表4　幡羅郡の組合村

村名	員数
善ヶ島村	5
小島村	20
男沼村	6
下江原村	3
太田村	1
間々田村	2
妻沼村	24
俵瀬村	4
葛和田村	2
大野村	5
下奈良村	1
新島村	2
三ケ尻村	5
久保島村	1
玉井村	6
石塚村	2
新井村	1
沼尻村	1
明戸村	2
（追加）	22

数合計一一五人で、これが幡羅郡養蚕場の規模を示し、一郡一組合である。

岩鼻県の蚕種家たち

明治四年二月中の選挙により、多数票を得て蚕種世話役に選ばれたのは、玉井村の鯨井勘衛と妻沼《めぬま》村の小池五十郎《こいけじゅうろう》のふたりであった。蚕種世話役就任にあたって鯨井は同役に専念するため、組頭の辞任を申し出て許されている。

鯨井は明治二年、自村に構えた間口一六間・奥行八間の三層構造の蚕室を元素楼と名づけ、清涼育を実践した。明治二年といえば、岩鼻県が島村式蚕室による清涼育を管内に勧奨した年である。元素楼と鯨井の養蚕法には、岩鼻県の勧奨を受け、田島弥平の清涼育、島村式蚕室の影響がうかがわれる。元素楼では明治六年六月、皇后・皇太后両宮の富岡製糸場行啓のおりに、養蚕の親臨を仰ぎ、賞詞《しょうし》を賜わった。この誉《ほま》れが鯨井をして養蚕巧者であったなによりの明証となる。

幡羅郡養蚕場組合では世話役の選挙後に議定書を結び大体、つぎのことを取り決めた。

① 世話役の任期四年を一年に短縮し選挙の上交替で務めること
② 世話役は岩鼻県に願い出て承認を受け、出県費用は組員に割りふること
③ 世話役の分担を決め、小池五十郎は妻沼村より小島《こじま》村・下江原《しもえはら》村・間々田《ままだ》村・男沼《おぬま》村、鯨井勘衛は善ヶ島村・大野《おおの》村・葛和田《くずわだ》村・俵瀬《たわらせ》村・玉井村と最寄り村むらとし、一〇人で小組を立ててひとりずつ下世話役をおき、世話役の指示を受けて下世話役は小組の世話をすること
④ 布告の趣旨が不明な場合は世話役を通じて県に伺い、不取り締まりがないよう内規を細かに取り結ぶこと
⑤ 定例の会議を設け、会議費用その他組で必要な費用はすべて組員に割り振ること
⑥ 世話役が取り扱う事柄はすべて岩鼻県の指示にしたがい、隣組の類例や良法にならい失費がないようにす

ること

同時期、岩鼻県下の各養蚕場でも、幡羅郡養蚕場と同じように蚕種家一〇〇人を単位に組合を結び、世話役選出の公選を実施したとみられる。明治四年四月十四日、つぎのように岩鼻県下の世話役二一人が会同した。会堂はおそらく岩鼻県庁である。岩鼻県の世話役は二一人で全員とはみられないが、確認する手立てがない。

佐位郡養蚕場組合は島村の田島弥平と栗原勘衛が世話役であるから、島村一か村だけで組合を編成したことになる。那波郡養蚕場組合では、島村の西隣に位置する前河原《まえがわら》村の福田彦四郎《ふくだひこしろう》を選出している。彦四郎は母が渋沢一族の出で、渋沢栄一の縁戚にあたる（新井慎一ほか編『渋沢喜作書簡集』）。

榛沢郡養蚕場組合は世話役が四人と多い。一郡二組合の編成であるから、蚕種家はほかの養蚕場よりも多数であったであろう。渋沢生家があり、蚕種・養蚕が盛業な血洗島村は榛沢郡養蚕場に属するが、半原藩域であり、岩鼻県の実施する蚕業政策に従う義務はないから、当然のごとく村名や世話役を見出すことができない。

勢多郡徳川郷	正田治兵	緑埜郡中島村	高津文衛	榛沢郡阿賀野《あがの》村	富田七郎次
新田郡平塚村	渋沢六三	甘楽郡富岡町	古沢小三郎	〃 沖宿《おきじゅく》村	高田平九郎
〃 堀口村	松本源十郎	〃 下仁田村	市川儀三郎	児玉郡児玉町	坂本久次郎
佐位郡島村	田島弥平	幡羅郡妻沼村	小池五十郎	〃 沼和田《ぬまわだ》村	長沼孝太郎
〃 〃	栗原勘衛	〃 玉井村	鯨井勘衛	賀美郡黛《まゆずみ》村	萩原杢衛
那波郡下ノ宮村	井田与平	榛沢郡新戒村	村岡嘉平	秩父郡小鹿野《おがの》町	柴崎作平
〃 前河原村	福田彦四郎	〃 中瀬村	河田十郎三	〃 下小鹿野村	森久吉

免許鑑札の交付

会同の世話役たちは「不取り締まり」のことがないよう世話役承知の請書を岩鼻県に差し出すとともに、原紙所持員数有無調べ、新規免許鑑札願人名前調べ、新夏蚕用臨時鑑札願人名前調べ、下世話役の選挙取り決めなど、当面の取り扱い事務などを申し合わせた。

この会同に先立って同月八日、岩鼻県世話役のうち鯨井勘衛・小池五十郎・河田十郎三・村岡嘉平・富田七郎次・正田治兵・渋沢六三・松本源十郎ら八人は、岩鼻県に対し一三か条におよぶ「伺い書」を提出した。そのなかの一か条は、つぎのように東京府収税局の蚕種製造免許鑑札と蚕種製造規則による蚕種製造免許鑑札との相違を伺っている。

先年収税局より蚕種製造免許ご鑑札料金五両相納め、右ご鑑札頂戴所持罷あり、今般製作ご鑑札頂戴仕らざる向きは、如何相心得候テ然るべき候儀ニご座候哉

ただし、組合のうち収税局ご鑑札所持有無とも心得方奉伺候

この伺い書の回答はどこにも見出せないが、東京府収税局、すなわち東京通商司による版籍奉還直後の直轄県における蚕種鑑札交付がこれにより立証されよう。それに、蚕種製造免許鑑札料の五両は相当な高額であり、相違を伺い立てるのは当然であった。

さて、世話役の岩鼻県庁会同後、幡羅郡養蚕場組合の世話役鯨井勘衛は四月下旬から、小池五十郎と協力し、組合内蚕種家の製造免許鑑札願および新夏蚕用臨時鑑札願の事務に従事した。五月には岩鼻県から製造免許鑑札一〇九枚を受領し、これを各蚕種家に交付した。さらに蚕種原紙の売買事務にも従事している。

五月四日、鯨井はつぎの印鑑を岩鼻県庁より受け取った。

一　ご判　四箇　但　改済
　　　　　　　　　　夜付
　　　　　　　　　　夏蚕

再生

これらはそれぞれ、世話役鯨井が組合内を巡廻し蚕種紙に改印する際に証印として用いる印鑑であり、蚕種印税徴収の証しともなる。蚕種印税は蚕種できあがりの時期に執行するから、六月から八月ごろが該当する。しかし、当期に鯨井が取り扱った業務には蚕種印税を執行した形跡を確認できない。もちろん、執行の前提となる蚕種売買免許鑑札の交付事務も確認できない。

蚕種の優良鑑定

明治四年七月の廃藩置県では藩を解体して県をおき、従前の直轄府県と合わせ全国は三府三〇二県となった。同十一月の改置府県では諸県の統廃合がすすめられ、三府七二県となった。明治四年十月、岩鼻県を廃県し、上野国の諸県と合併させて群馬県（第一次）が成立、同十一月の改置府県では川越県と旧岩鼻県治下の武蔵国六郡および諸県の飛地を合併させて入間県をおき、入間県行政は翌年一月に本格稼動するまで、群馬県が代行した。

同十一月、群馬県は入間県下の世話役などに対し、同月二十五日「熊谷駅」において、「武蔵国蚕種優等鑑定入札」を実施するよう指示した。

鑑定の当日、熊谷駅に出会し入札した世話役および世話役相当とみられる蚕種家は、つぎのとおりである。もちろん、鯨井も参画した。それに、四月の岩鼻県下各蚕種世話役の会同では半原藩域にあったため見受けることができなかった榛沢郡血洗島村の渋沢宗助が参加している。

① 賀美郡黛村　萩原杢衛　同郡沼和田村　長沼孝太郎
② 榛沢郡上仁手村　茂木安吉　同郡宮戸《みやど》村　金井総平
③ 榛沢郡阿賀野村　富田七郎次　同郡中瀬村　河田十郎三　同郡新戒村　村岡嘉平
④ 榛沢郡沖宿村　高田平九郎　同郡深谷宿　紀藤清七

⑤　幡羅郡玉井村　鯨井勘衛　　　　　　同郡妻沼村　小池五十郎
⑥　児玉郡児玉町　坂本久次郎
⑦　秩父郡上小鹿野村　柴崎佐平　　　同郡下小鹿野村　森久吉
⑧　秩父郡大宮郷　大沢改右衛門　　　同郡大宮郷　浅見忠左衛門
⑨　元忍県幡羅郡出来島《できじま》村　高野平六
⑩　元忍県大里《おおさと》郡熊谷駅　竹井万平　　同郡久下《くげ》村　菅谷源五右衛門
⑪　元前橋県比企《ひき》郡下唐子《しもがらこ》村　馬場順吾
⑫　元半原県榛沢郡血洗島村　渋沢宗助　　同郡下手計村　橋本友十郎

この鑑定で優等入札者はつぎの三人である。鑑定には地方官の元忍県官吏村田と鈴木の両少属が立ち会った。

第一等　　元忍県管下武州大里郡熊谷駅　　竹井万平
第二等　　元岩鼻県管下同州榛沢郡新戒村　　荒木常四郎
第三等　　元岩鼻県管下児玉郡上仁手村　　阿久津重太郎

蚕種褒賞規則にもとづく最初の一国限り優等蚕種鑑定は廃藩置県直後に実施されたから、鑑定入札の顔ぶれには廃藩置県前には参画の義務がなかった元半原藩の渋沢宗助を確認できるし、元忍藩の熊谷駅竹井万平が第一等を得ている。ここには旧藩域をこえた入間県による一元的な蚕業政策の実施を確認できよう。

同時期、群馬県でも上野一国の蚕種優等鑑定を実施し、優等入札者を大蔵省に報告、同十二月、大蔵省では一等ひとりに金五円、二等ひとりに金三円、三等ふたりに金二円を褒賞、群馬県を介して褒賞金を下賜するとともに、褒賞者の功牌を来年五月まで管下に掲示するよう指示した。同月、群馬県が管内に布告した褒賞者は、一等佐位郡島村田島武平、二等同村栗原貫平、三等同村田島弥平・栗原勘三と、全員島村の蚕種家で占められた。

ふたつの殖産興業

蚕種の製出は六月ごろから本格化する。蚕種の取引もこの時期から活発となり、横浜港に輸出用の蚕種が集中する。しかし、明治四年七月ごろから横浜の蚕種取引価格は、前年九月の普仏戦争で最大の需要国であるフランスが敗北した影響により、極端に低迷した。蚕種売り込み商人らは価格調整のため入荷量三分の一の削減を協定し、廃藩置県後に外務省から引き継いで貿易事務を執り行うようになった大蔵省の決定であるかのように喧伝《けんでん》し、協定に不同意な商人の外国商人などに対する売り込みをけん制した。

この協定に対して、岩鼻県佐位郡島村の世話役田島弥平ならびに同県那波郡前河原村の同役福田彦四郎のふたりは政府に建言し、「仰せ出での規則に遵《したが》い、一層蚕事を励み、卵性精撰の上、海外輸出の証印を受けた品、仮令《たとい》低価となるとも、いわれなく三分一減却するのは、いかにも道理に叶い申す間敷《まじ》き」（農林省『農務顛末』第三巻）と、反対した。

その後もしばらく横浜の蚕種価格は低迷し、売り込み商人および蚕種家などに大打撃を与えたが、田島弥平らの建言内容には岩鼻県下の外国用蚕種規制が、蚕種製造規則どおり世話役によって執り行われていたことの明証となる。つまり、佐位郡養蚕場組合あるいは那波郡養蚕場組合では蚕種印税が執行された可能性がある。

このように維新政府が直轄する岩鼻県では、租税正兼改正掛長渋沢栄一が主導し改正掛が立案した蚕種褒賞規則にもとづき養蚕奨励のための一国限り優等蚕種鑑定と、蚕種製造規則にもとづく蚕種の輸出規制が確認できる。両規則の実施主体は蚕種製造規則が規定する世話役であったから、蚕種世話役制の導入は殖産興業に位置づけられる。

いまひとつ、渋沢が岩鼻県で実現させようとする殖産興業に官営富岡製糸場の創設がある。その創設地は、明治三年五月、渋沢栄一が同場主任に任じられたことではじめて明白となる。中央に殖産興業の立案者として渋沢がおり、そのもとで工場設立の実務を担当する民部官僚尾高惇忠がおり、そして岩鼻県勧奨の清涼育を主唱する養蚕巧者の田島弥平がいて、このいわば岩鼻県を同郷とする三人が結びつくとき、原料繭の大量な確保が容易に可能で養蚕場の雄《ゆう》たる岩鼻県甘楽郡富岡の地に、三年五月、官営模範工場の創設が決定したのは、むしろ必然であったと考えられよう。

なお、官営模範工場の創設地が富岡と決定する時期は従来、明治三年二月からはじまるお雇い外国人ブリュナの候補地調査、指導のもとで、三年七月の決定が定説とされてきた。したがって、三年五月と二か月も早まるこの説は、従来の定説とはことなることを指摘しておく。

蚕種印税の執行

しかし、岩鼻県における世話役制で確認できないものがひとつある。それは佐位郡あるいは那波郡の養蚕場組合で確認される蚕種印税の執行が、幡羅郡養蚕場組合の世話役鯨井勘衛の業務では確認できないことである。これは同じ岩鼻県内にあって一元的な蚕種印税の執行がないことを意味しよう。

蚕種印税が全国的にも一元的に執行をみなかったことは、つぎの蚕種税収入の面からも立証される（大蔵省「歳入歳出決算報告書」上巻）。

【蚕種税収入】

慶応三年十二月～明治元年十二月	運上冥加等諸雑税	三二万四七七六円九〇銭二厘
旧幕ノ慣法ニ仍テ徴収セシ伝馬宿入用、六尺給米、蔵前入用、夫米夫銭その他酒、船、蚕糸等ニ係ル各種ノ運上冥加金ナリ		
明治二年一月～同年九月	運上冥加等諸雑税	四四万六五三〇円七一銭四厘
明治二年十月～同三年九月	蚕種及ヒ生糸諸税	九万五二二三円四五銭四厘

二年九月ノ公布ヲ以テ従来区々ノ徴収法ナル生糸ノ旧税（運上冥加ト称スルモノ）ヲ廃シ均一ノ税額ト為シ、又従来無税ナリシ蚕種紙ハ新ニ税法ヲ設ケこれを徴収スル所ノモノナリ

明治三年十月〜同四年九月　　蚕種及ヒ生糸諸税　　二万九五二二円四三銭八厘

明治元年と二年は雑税に合算されており、蚕種税として独立の税収額は不明。三年から「蚕種及ヒ生糸諸税」の項目が独立する。明治二年九月に蚕種紙は新法を設けて課税がはじまったとされるが、この課税が実施されることなく失敗に帰したことはすでにみたとおりである。したがって「蚕種及ヒ生糸諸税」のうち大部分は生糸税が占めるであろう。四年の「蚕種及ヒ生糸諸税」の収入額は、わずか二万九五二二円ほどに過ぎない。この低額さが、明治四年に導入された蚕種印税が全国的にも一元的な執行がなかったことの明証となる。

世話役制と廃藩置県

蚕種印税の一元的な執行を妨げていたのは藩の存在であった、と考える。なぜなら、蚕種印税は府藩県全体で統一的に課税しなければ租税の公平課税という原則に反し、一県的な課税では不公平が増すばかりだからである。それに、維新政府の支配がおよばない藩には蚕種印税実施の義務はないし、もちろん、大蔵省が定めた世話役制を導入する義務も有しなかった。世話役制を規定する蚕種製造規則は、明治三年八月と四年五月の二度にわたる実施予告でも、結局、府藩県全体に行われることがなかったのである。いまひとつ、廃藩置県後に群馬県の指示で鯨井勘衛らの世話役が実施した一国限り優等蚕種鑑定は旧藩を交えた実施であり、藩支配がなければ世話役制が全国的に、一元的に、機能できることを伝えていよう。すなわち、世話役制の全国的な実施のためには、全国三〇〇藩ほどの廃藩が一大条件となるのである。

改正蚕種製造規則が布告された明治四年五月といえば、渋沢栄一がたずさわり殖産興業の範たる最初の宮中養蚕がたけなわであった。しかし、すでに維新政府では参議大久保利通が中心となり、中央集権の動きが加速する

時期でもあった。そして、七月十四日、薩摩藩・長州藩・土佐藩の兵一万人が東京に集結、廃藩置県を断行し、中央集権国家を成立させた。廃藩置県により従前の府藩県三治制は廃止され、ただちに太政官三院制が成立した。この改革により民部省は廃止され、同省が所管した殖産興業などは大蔵省に移った。

七月の廃藩置県では、渋沢は大蔵権大丞を辞し、八月には大蔵大丞にすすむ。改正掛は廃止となり、掛長の兼務は消滅した。以降、明治六年五月に大蔵省を去る二年あまりのあいだ、渋沢がかかわった租税改革、国立銀行の創設、および大蔵大輔井上馨とともに大蔵省を辞すきっかけとなった司法卿江藤新平との対立などは、諸書がよく取りあげる事実である。だが、渋沢が在任中にかかわった殖産興業については、従来、まったくといってよいほど触れられることがないのである。岩鼻県に一県的にみられた世話役制の全国的な実施は、廃藩置県後に、大蔵省租税寮《そぜいりょう》により蚕種大物代制として実現をみることになる。

この大物代制を実現に導いたのも、つぎに明らかにするように実は大蔵官僚の渋沢栄一だったのである。

4 日本の蚕種家たち

蚕種家の代表

廃藩置県後の明治五年二月、大蔵省は蚕種家《さんしゅか》の代表を選定し「蚕種製造人大惣代《だいそうだい》」に任命した。その後、この代表者の名称には、蚕種製造方大惣代、製種大惣代、蚕事大惣代、養蚕大惣代、養蚕場大惣代など、さまざまな呼称が生じて混乱したところから、明治六年四月、大蔵省はこれを「蚕種大惣代」の名称に統一している。

この蚕種大惣代の名称をはじめて目にするのが、明治五年二月の大蔵省達「蚕種製造人大惣代申しつけの件」（『農務顚末』第三巻）である。同達は、東京・入間《いるま》・置賜《おきたま》・筑摩《ちくま》・山梨・新潟・岐阜・滋賀・豊岡《とよおか》の九府県に対し、各府県内で「営業熟練人物宜《よろ》しき者」を人選の上ひとりを大惣代に申しつけ、さらに、群馬県は田島弥平・田島武平の両人、長野県は藤本善右衛門か中島吉右衛門のどちらかひとり、福島県も池田長四郎か中村佐平治のどちらかひとりを大惣代に申しつけ、かつ、大惣代それぞれその氏名などは各府県を通じ、大蔵省租税寮に差し出させる、という内容であった。

これら九府県のうち首都の東京府を除く八県には、養蚕場が多数な蚕種の最盛業地が含まれる。大蔵省による大惣代の任命は、全国でもまず蚕種の最盛業な県を第一着手としたのである。それに、大惣代には「営業熟練人物宜しき者」と、養蚕技量に加えて好人物であることも求めていた。

蚕種家の会議

明治五年三月、大蔵省は各府県の大物代を東京に招集、大物代による蚕種家会議を催し、告諭《こくゆ》を発し会議の目的をつぎのように明らかにした。

まず、明治四年に生起した蚕種輸出の不況は「蚕種家が蚕種製造のみにせわしく、売り込み商人も互いに利を争い、生産地の景状を詳知せず、あてもなくみだりに外国人より多数の註文を引き受け、製種時期に善悪を撰ばず買取るため、良好粗悪混淆《こんこう》のまま取り引きし、開港場に輻輳《ふくそう》するところから、内外用の分量をあやまり、声価を減じた」と、普仏戦争の影響などには言及せず、生産地の実情を無視した過大な蚕種輸出が不況の原因である、と指摘する。

告諭はつぎに日本生糸《きいと》の品位低下、国際的価格の低価に言及する。この言及は、明治五年二月に大蔵省に提出されたウォシュ＝ホール商会の蚕種と生糸の国際的な意見書「蚕紙生糸の説」に依拠している。「蚕紙生糸の説」では、日本生糸の国際的価格低落の原因が生糸品質の低下にあり、それは繭質の低下に源を発し、さらに繭質の低下は養蚕源である蚕種の輸出を規制しないからであるとして、良糸を得るためには維新政府がすすめる外国製器械導入による製糸の改善に加え、優良蚕種の生産地である奥州米沢・柳川、信州上田、上州島村などの蚕種輸出を禁止して、国内に良種を確保することを提言する。かつ、近年の欧州における日本蚕種価格下落の遠因が欧州生糸国の蚕病克服、養蚕回復にあることを指摘し、近い将来における日本蚕種の需要減退をも予測する内容であった。

ウォシュ＝ホール商会の意見書を受けて、告諭では近年の日本生糸の品位低下、国際的価格低落の元凶は、「上好の蚕種が国内に乏しく、生糸産地では蚕種価格が格別に騰貴《とうき》したため、やむを得ず粗悪の蚕種のみ買い求めたことが醸成のもとであり」、「元来、蚕種の要用は生糸の生産増殖のためにあるのに、今日の景況はまったく転倒して、蚕種の濫製《らんせい》より、生糸の性質粗悪となり、産出をも減じてはいかにも不都合」と、蚕種の粗悪品問題に求めたのである。

そして、過大な蚕種輸出を抑制し、粗悪品の製出を防止するとともに、「全国製糸を本業とし、蚕種は末として、国内の余分を輸出する方法の速やかな樹立」として、輸出の太宗《たいそう》である生糸の生産増殖のため、国内用の蚕種確保を図る「国用充備」の樹立が、大惣代会議の目的であるとした。大蔵省は蚕種の粗悪品問題を解決し、国用充備を図ることが製糸興隆の基礎になるという認識を、ここに明確にしたのである。

したがって、改めて四月に招集した蚕種家会議では、蚕種の取り締まり、国用充備のために、蚕種製造規則の改正と、大惣代申合書の作成が検討されることになった。

蚕種規制の担い手

さて同じ四月、大蔵省は大惣代の月給を一〇円と定め、別に取り締まりのため管内に出張する際には等外四等相当の旅費を給与、これらはすべて府県の取り扱いとするとともに、大惣代会議の出京旅費にも管内取り締まりと同様の出張旅費が適用されること、などを示した。こうして大惣代には、官吏に準ずる身分が付与されることになった。

四月からの会議に出席した大惣代は、つぎのとおり一一府県で、副を含め一四人となる。二月の大蔵省達「蚕種大惣代申しつけの件」で二者択一を求められた福島県は不参、長野県は藤本善右衛門が受任、申しつけにはなく会議に出席の犬上《いぬかみ》県は申しつけ直後の立県で、申しつけにある滋賀県にかわり出席したのであろう。犬上県は同年九月、滋賀県に統合される。

群馬県　佐位《さい》郡島村　田島武平（欠席）　　同郡島村　田島弥平
長野県　小県《ちいさがた》郡秋和《あきわ》村　中島吉左衛門（欠席）　　同郡上塩尻村　藤本善右衛門

東京府　豊島《としま》郡下練馬村　並木勘三郎
入間県　幡羅《はたら》郡玉井村　鯨井勘衛　　榛沢《はんざわ》郡新戒《しんがい》村　（副）村岡嘉平
置賜県　置賜郡米沢宮村　梅津利助
筑摩県　筑摩郡上神林《かみかんばやし》村　一条磋五郎
山梨県　山梨郡山田町　若尾逸平　　同郡千野《ちの》村　村田八郎兵衛
新潟県　蒲原《かんばら》郡天王新田《てんのうしんでん》　荊谷改治
岐阜県　郡上《ぐじょう》郡八幡《はちまん》町　宮川五平治
犬上県　坂田《さかた》郡本庄《ほんじょう》村　清水九平
豊岡県　養父《やぶ》郡養父《やぶ》市場《いちば》村　（副）伊藤直次郎　　同郡九鹿《くろく》村　（副）林田友右衛門

大物代会議での討議を受けて、大蔵省は五月に大物代申合書、翌六月に再改正となる蚕種製造規則を布告した（『法令全書』明治五年）。これらにより、蚕種大物代制度が判然となる。

まず養蚕場において最寄り一〇〇人の蚕種家をめやすに組合を設ける。組合員の増減は養蚕場の組分けにより、便宜とする。組合員からふたりの世話役を選び、世話役はふたりの更番で組合内諸般の世話をする。世話役の給金は組合が給与し、金額は府県と大物代が相談の上定める。世話役がおけないところは戸長が世話役に従事する。

つぎに大惣代は毎年、府県ごとに蚕種家の「公選」により選び、府県が任命し、大蔵省に申し立て、大蔵省は全国に公表する。大物代が不足のときは公選した上で大蔵省に申し立て、大物代副をおくことができる。大物代の任期は一年だが、人望により永年の勤続ができることとした。大物代の選出は「公選」であるから、管内各世話役の互選によったのであろう。ただし田島弥平と同武平、藤本善右衛門は大蔵省が直接下命したとみられる。

群馬県の蚕種家たち

廃藩置県で成立する群馬県（第一次）では、明治五年十月に、管内二一大区の各大区長に対し、蚕種家およそ一〇〇人を一組合として世話役ふたりの選挙実施を布達し、回答期限を十一月十五日とした（「住谷家文書」〈群馬県立文書館〉）。この選挙により撰ばれた世話役は、つぎの二一組四三人である。○番号が組合を示し、(古)とあるのは岩鼻《いわはな》県蚕種世話役制における世話役の経験者であり、福田彦四郎ら一一人が確認される（田島健一家複写文書「明治五壬申年十月　蚕種製造大惣代勤務ニ付蚕種物数取調并諸伺等記載日記」）。

なお、第二・三・五・一〇・一八・一九大区は蚕種家が僅少で不選出のため、戸長が世話役業務に従事することになる。

第一大区　①群馬郡前橋町　下村善太郎
第四大区　②群馬郡島野村　北田文平　同郡元惣社《もとそうじゃ》村　都木武平
第六大区　③那波《なわ》郡下之宮村　(古)井田与平　群馬郡上新田《かみにった》村　富田五七郎
　那波郡川中村　天田仲次郎
第七大区　④那波郡宮子村　児島源一郎
第八大区　⑤勢多《せた》郡上泉村　(古)田村平衛
第九大区　⑥群馬郡渋川村　浅見正清
第一一大区　⑦碓氷《うすい》郡高別当《こうべっとう》村　(古)有阪善平　同郡板鼻《いたはな》宿　福田耕造
第一二大区　⑧甘楽《かんら》郡七日市町　(古)桐満芳五郎　同郡富岡町　左沢小三郎
第一三大区　⑨多胡《たご》郡塩川村　(古)黒沢忠太　甘楽郡福島村　(古)高橋伝吉
第一四大区　⑩緑埜《みどの》郡上大塚村　(古)打度林平　同郡上落合村　堀越又衛

第一五大区　⑪緑埜郡浄法寺《じょうぼうじ》村　(古)黒崎柳蔵　同郡中栗須《なかくりす》村　山口庄太郎

⑫新田《にった》郡新町宿　田口彦六　同郡中島村　(古)高津文衛

同郡森村　針ヶ谷芳蔵

第一六大区　⑬佐位郡島村　栗原勘三　同郡同村　田島弥四郎

那波郡前河原《まえかわら》村　(古)福田彦四郎

⑭佐位郡小此木《おこのぎ》村　天田貞蔵　同郡境町　織間源吾

⑮那波郡下蓮沼村　日野原彦平　同郡長沼村　小茂田丈衛

同郡八斗島《やったじま》村　境野半衛　同郡柴田村　栗原又二郎

⑯佐位郡上武士《かみたけし》村　森村富蔵　同郡保泉《ほずみ》村　星野清平

⑰同郡伊勢崎町　村岡介作　同郡同町　高井玄作

第一七区　⑱勢多郡下田沢村　尾池弥一郎

第二〇大区　⑲吾妻《あがつま》郡中之条町　田中七郎平

第二一大区　⑳碓氷《うすい》郡西上磯部村　(古)大手万平　同郡新堀《にいぼり》村　小池八十八

同郡松井田《まついだ》宿　市川伝九郎　同郡西上秋間村　真砂孝作

第二二大区　㉑甘楽郡馬山《まやま》村　山田泰作　同郡下仁田《しもにた》村　吉岡久平

蚕種家たちの制度

蚕種製造規則の蚕種取り締まりにみられる特色は、従前の免許鑑札にかえて、免許印紙税を導入した点である。まず、蚕種原紙一枚の大きさを曲尺《かねじゃく》にて竪《たて》一尺一寸七分（三五・五チセン）・横七寸四分（二二・四チセン）に統一した。原紙裏面には所定のところに「蚕種製造人氏名住所」印と「原紙製造人氏名住所」印、および原紙取り締まりのため地方官による㊃の打込み印を押捺する。

大惣代は管内の蚕種生産総数を国内売買用と外国輸出用とに区分し、その凡積書《はんせきしょ》を作成して府県を通じ大蔵省に申し立てる。大蔵省は免許「印紙」を作成し、凡積書に応じた印紙数を府県に渡し、府県はこれを大惣代に配付、大惣代は各組合の世話役に下付する。製種のできあがりの時期、各世話役は組合員の生産蚕種数を取り調べ、凡積書と照合し、一枚ごとに蚕種を検査したのちに、検査済みの証しとして、蚕種紙裏面の所定のところに印紙を貼付する。外国輸出用は印紙の部分に改印し、改印のある蚕種は直接外国商に売るも、売り込み商に売るも自由としたが、無改印の蚕種を売買した場合は売主・製造人ともに科料《かりよう》を課す、とした。

印紙料は国内用・国外用とも一枚につき五銭、水陸路修繕運上として徴収する。両者の印紙は刷り色で区分し、国内用は鼠色、国外用は緑色とした。これは蚕種印紙税である。蚕種印紙税は大惣代に印紙を配布した際にただちに徴収し、何度でも徴収次第に上納し、精算勘定は「製造人別でき種員数帳」とともに大蔵省租税寮に差し出す。すなわち、蚕種印紙税は蚕種家の代表である大惣代が世話役を指揮し、税金徴収の責任者になるわけで、これが大惣代へ官吏に準ずる地位が付与される淵源になったといえよう。

さて、府県が任命する大惣代は府県内蚕種家の惣代であるのみならず、全国一般養蚕の大惣代であり、各自の持ち場において蚕原種の精粗を詳細に検査し、世話役および蚕種家の正否を視察して、もし規則に違反する者があればただちに督責《とくせき》し、あるいは政府に糾明《きゆうめい》を求める権利を保証した。大惣代は世話役を指揮し、養蚕の奨励や蚕種の取り締まりなどで気づいた事柄は、府県を経ず直接大蔵省に訴え出ることも可能とした。

さらに、大惣代とその配下の世話役は「蚕業熟練」のはずであるから、未熟の養蚕家には養蚕方法を教諭し、養蚕に新発明を見出した場合には大蔵省などに申し立て、組合内へも伝習すること、河川沿岸の桑畑開発についても大蔵省に申し立ててたずさわる、などとした。蚕種世話役制と同様、大惣代および世話役には養蚕教師の役割が付与されたのである。

蚕種家たちの勢揃い

大蔵省では明治五年五月、大惣代会議での申し立てを受けて、「管内何《いず》れも養蚕場多分にこれあり、同一にこれなくバ差向き取り締まり方行届き申す間敷《まじ》き」として、つぎの諸県に対し、大惣代の選任や兼勤を求め、大惣代の拡大をすすめた。

宮城県	新川《にいかわ》県（七尾県大惣代兼勤）	滋賀県（犬上県大惣代兼勤）
磐前県	柏崎県（相川県大惣代兼勤）	埼玉県（入間県大惣代兼勤）
山形県（酒田県大惣代兼勤）	神奈川県（東京府大惣代兼勤）	栃木県・宇都宮県（群馬県大惣代兼勤）

こうした大惣代の拡大策はその後も引き続き行われたであろう。翌明治六年四月における全国大惣代会議の開催時期には、表5のように四二府県で、大惣代が五一人、このうち副は一一人、世話役は五一八人、蚕種家は一万二二六八人あまりが確認でき、大惣代制の確立が明らかとなる（「元素楼養蚕関係文書」）。

かつて蚕種本場であった福島県の大惣代には、大蔵省が当初予定した池田長四郎でも中村佐平治でもなく、中村善右衛門が就任している。なお、同県副惣代の田中太次兵衛は後述する明治五年分全国優等鑑定で、第三等上を受賞した当人であり、明治六年九月十三日には大惣代に昇任する（「明治六年九月　福島県庶務課ヨリ田中太次兵衛へ蚕種大総代辞令」〈福島県立図書館〉）。

渋沢栄一と蚕種家たち

大蔵省は各管内の蚕種凡積数を求めたが、その理由は、大惣代会議直後の五年五月二十八日づけ大蔵省達「各地方官において大惣代並びに組々世話役へ厚く申し諭し、毎年製種の時節、組々を以て本年のでき高を統計し、その地方ごとに来歳国内用原蚕種の惣数を概算、組々の申し合わせにより相当の割合を設け、国内用の手当をし

表5　各府県の蚕種大惣代（明治6年4月）

府　県	蚕種大惣代　　　　　　(副)は大惣代副	世話役人数	蚕種家数
青森県	村田六三郎		
秋田県	川村永之助	18	50
山形県	小松新平	22	200
酒田県	安藤定右衛門	1	61
置賜県	梅津利助　丸山駒太郎	40	1,741
水沢県	中沢千兵衛		
岩手県	青木秀実	25(ママ)	20
宮城県	中村東記	10	
磐前県	後藤隆作		
福島県	中村善右衛門　(副)田中太次兵衛	22	1,530
若松県	小林悌三郎	15	78
茨城県	尾見桑三	4	90
新治県	(副)羽生吉郎平	2	65
印旛県	芦葉伊右衛門	7	70
木更津県	並木勘三郎兼勤	1	8
宇都宮県	(副)小林正造	1	8
栃木県	松本源十郎	18	58
東京府	並木勘三郎	1	32
神奈川県	関山五郎右衛門	23(ママ)	39
足柄県	山口八兵衛	12	100
埼玉県	川島楳坪	2	191
入間県	鯨井勘衛　(副)村岡嘉平	24	2,172
群馬県	田島武平　田島弥平	48	2,156
山梨県	若尾逸平　(副)村田八郎兵衛	14	857
長野県	藤本善右衛門　小田切辰之助　(副)2人	125	9,200
筑摩県	一條磋五郎　(副)青木庄兵衛	11	
新潟県	苅谷改次	2	80
相川県	鈴木半五郎		
静岡県	(副)高杉太一郎		20
浜松県	河合三郎	3	24
額田県	宮川五平治兼勤		
愛知県	宮川五平治兼勤	4	20
岐阜県	宮川五平治	8	45
滋賀県	清水九平	20	900
新川県	武部尚志	15	277
石川県	(副)丘村隆桑		8
敦賀県	(副)西尾茂三郎		
京都府	森本盛親	1	35
大阪府	佐貝義胤		
豊岡県	林田友右衛門	18	75
小田県	斉藤素軒	1	16
名東県	(副)岡村藤要		

た上で外国輸出の分を取り究める」により、判然となる。

すなわち、国用充備として国内用蚕種の確保を確実なものとするためには事前に、全国の蚕種凡積総数が必要で、それは各大惣代が取り調べる管内蚕種凡積数を総計することで得られる。しかし、蚕種家と売り込み商人などとの取引に政府が直接介入し、国内用と国外用とに規制して国用充備を図ることは、条約の規定する自由貿易違反に該当し、蚕種の輸出規制は不可能となる。そのため国内用・国外用と両用の蚕種をもつ蚕種家を相手に、政府にかわり国内充備のための説諭に努めるのは、民間人である大惣代の任務としたのである。管内の蚕種家を説諭する上で、大惣代には「人物宜しき者」という好人物性が求められたといえよう。

大蔵省が国内用の良種確保を提言するウォシュ＝ホール商会の意見書「蚕紙生糸の説」を受け取るのは、明治五年二月である。また同省が「蚕種製造人大惣代申しつけの件」を布達するのも同年二月であった。さらに渋沢栄一が大蔵省三等出仕で、大蔵少輔事務取扱にすすむのも同年二月である（『大蔵省人名録—明治・大正・昭和—』）。

これらの一致は偶然ではあるまい。明治五年二月の大惣代任命、三月から六月にかけての大惣代会議開催、大惣代申合書の作成、蚕種製造規則の再改正、同年五月から翌年四月ごろまでの大惣代拡大策など、蚕種大惣代制は五年二月に大蔵少輔（相当）にすすんだ渋沢栄一の主導により成立したことが確実である。

岐阜県の蚕種家たち

明治五年二月の蚕種大惣代申しつけで、該当の岐阜県では、郡上《ぐじょう》郡八幡《はちまん》町の蚕種家宮川五平治を選任し、同四月からの大惣代会議に出席させている。翌六年の全国大惣代会議では、宮川が額田《ぬかた》県と愛知県の大惣代を兼勤していることも明らかとなる。このうち愛知県大惣代の兼勤については、宮川五平治の申し立てを受けて岐阜県から大蔵省に対する五年六月づけ「尾張《おわり》国木曽川《きそがわ》沿い養蚕家美濃《みの》国大惣代にて取り締まりいたし度伺い」（「自明治五年至仝廿年　農商部　諸省伺令　一」〈岐阜県歴史資料館〉）があり、翌七月、大蔵省は岐阜県に伺いどおりと指令する背景があった。この場合、養蚕家とは蚕種家をさすが、維新いらい木曾川筋にも蚕種家が急速に増大してきた様相がうかがえよう。

愛知県管下尾張国ノ内、美濃国最寄り村むら養蚕家取り締まり方ノ儀につき、別紙ノ通り管下美濃国大総代宮川五平治ヨリ申し立て候につき、篤《とく》と取り調べ候ところ、右尾張国ノ儀ハ従来養蚕家甚だ少ク、随テ別段取り締まりなどノ儀モこれなく候ところ、近来同国美濃国最寄り木曾川沿い村むらにおいて、養蚕家追々相増し候につき、その儘《まま》取り締まりこれなくテハ自然当管内取り締まり向きニモ差し響き、不都合ノ儀モこれあるべきにつきテハ、追テ同県ニおいて取り締まり方法相立て候までハ、右五平次申し立てノ通リ、諸事美濃国大総代ニおいて取り締まり方相心得候よういたし度、この段宜しくご許容、同県において右村むらへ厚く説諭に及び候ようご達これあり度、これより別紙申し立て書写相添え、この段相伺い候なり

宮川五平治が配下にもつ蚕種世話役は表6の一〇人である。世話役選定の時期は、明治六年十一月とされているが（『岐阜県史』通史編 近代 上）、同八月には県下数郡の蚕種印紙税の執行を示す「蚕種製造検査につき、世話役ども巡廻お手当お下げ渡の儀につき伺い」があり、「郡上郡世話役瀧日弥兵衛、大野《おおの》郡世話役中村治三郎、

表6 宮川五平治配下の蚕種世話役

区域	担当郡	所在	世話役名
一番組	郡上	郡上郡八幡町	斉藤佐平
二番組	武儀・加茂	武儀郡河和村	石原七兵衛
三番組	中島・海西・多芸・安八・石津・不破	不破郡宮代村	西脇九郎左衛門
四番組	不破・安八	不破郡垂井村	平塚利右衛門
五番組	厚見・山県・武儀・大野・池田	大野郡温井村	中村治三郎
六番組	本巣・席田・方県	方県郡木田村	坂口友十郎
七番組	厚見・各務・羽栗	葉栗郡三宅村	田島亘
八番組	大野・池田	大野郡下有里村	石原卯太郎
九番組	可児・土岐・恵那	恵那郡明知村	伊藤忠介
一〇番組	加茂・恵那・土岐	恵那郡中津川村	楯玉次郎

武儀《むぎ》郡世話役佐藤由兵衛、羽栗《はぐり》郡世話役田島亘」など、世話役四名の名があることから判断すると、六年十一月の世話役選定とは、岐阜県による世話役各員の担当する区域などを定めた、正式任命であったと考えられる。なお、同年四月の全国大物代会議の段階では、岐阜県の世話役数は八人とある。

岐阜県では、明治五年分の美濃国一国限り優等蚕種鑑定を実施し、その結果を大蔵省に報告した。明治六年二月、大蔵省からはつぎの各人に、第一等五円、第二等三円、第三等二円と褒賞金の下賜が告げられるとともに、岐阜県には「賞典書付、管下札場札場へ掲げおき候よう」として、管下に広く知らしめるよう指示もあった。美濃国の優等三位受賞者は、すべて郡上郡に属しているから、岐阜県養蚕場の中心は同郡にあったと判断される。

第一等　瀧日弥兵衛　郡上郡八幡町
第二等　広瀬次郎助　同郡　同町
第三等　立田七左衛門　同郡　島方《しまかた》村

鯨井勘衛の就任

明治四年七月、廃藩置県の断行にともない川越《かわごえ》藩は廃藩、川越県が成立した。同十月、岩鼻県が廃県となり、上野国には群馬県（第一次）が成立し、武蔵国北部の六郡は十一月十三日、川越県と統合し入間県が成立、本庁は川越町におき、深谷《ふかや》には支庁をおくことになったが、群馬県からの引き継ぎ事務が完了するのは、翌明治五年一月であった。

ここで再び「元素楼養蚕関係文書《げんそろう》」を中心に、入間県の蚕種大物代制を明らかにしてみたい。もちろん、元素楼主は鯨井勘衛である。

入間県が明治五年二月の大蔵省達「蚕種製造人大物代申しつけの件」を受け取るのは、同月十八日である。翌三月七日、入間県は岩鼻県時代の各世話役にあて大物代人選を指示した。同十二日妻沼《めぬま》村の元世話役小池五十郎は、鯨井にあて「入間県お役所より蚕種大惣代人撰のお廻達三通慥《たしか》ニ受け取り申し候」と書き送った。三月十五日、本庄《ほんじょう》宿仲町《なかちょう》の諸井孝次郎宅に元世話役たちが集合し、「人撰につき品々」相談をなした。鯨井もこの集会に参画、その後十七日に一旦、帰宅した。十九日「大惣代撰挙出席」のため出立、二十二日には川越町の入間県庁に大惣代選挙書を提出し、ただちに大惣代会議のため東京に出立した。大惣代の選出選挙は、この十九日から二十二日のあいだに行われたが、後述のように任命辞令の日づけが「二十二日」であるから、三月二十二日の可能性が高い。選出地はおそらく川越町の入間県庁であろう。選挙により、玉井村の鯨井勘衛が大惣代に、大惣代副に榛沢郡新戒《しんがい》村の村岡嘉平が選出された。鯨井の指揮を受ける世話役も、同期間中には大体の人選をおえたであろう。

鯨井が明治五年三月二十二日づけの入間県大惣代任命辞令を受け取るのは、三月の大惣代選挙から半年後の九月五日である。同日は大惣代給一か月金一〇円、三月から八月までの合計五五円の給与も受け取った。同日には村岡嘉平にも任命辞令と一か月給五円、合計二七両二分の給与があった。大惣代月給一〇円の算出基礎は、「農商お雇い入れ適当の比例これなくそうらえども、出納寮に於テ為替方へ申しつけ、お雇い入れ相成り候、各府県出張金改の者へハ、月給十円ツ、給与イタシ候」（『農務顚末』第三巻）と、大蔵省為替方の出張員給があてられた。

明治五年三月十九日に出立してから五月十六日に帰郷するまで、鯨井が出京などに要した日数は五八日となった。前後の移動などにかかった日数を差し引くと、大蔵省主催の大惣代会議は五〇日間ほどの長期にわたったことになる。六月十四日、鯨井は大蔵省から入間県に下げ渡しとなった大惣代会議旅費三八円を受け取る。村岡大惣代副とのふたり分であった。鯨井は同十九日に「管外並に旅行一日一円六十銭」、「管内巡廻一日四十銭」、「滞留中一日二十三銭」という群馬県の大惣代一日あたり旅費支給額基準を入手していた。この出張旅費の算出基礎も、中央官吏の「等外四等」給にあった。

入間県の蚕種家たち

鯨井は五月十六日に帰郷するとただちに各世話役に向け、翌十七日に深谷宿杉田専衛宅にて世話役惣会開会の切廻状を出す。当日の惣会には二〇か宿村二六人が出席し、鯨井による大惣代会議の申し合わせ事項教示と、管内世話役補充などの調整指示などがあった。その後六月下旬までには、つぎのように鯨井配下一二組二四人の世話役がきまった。鯨井は当面、埼玉県の大惣代も兼勤することになる。

① 幡羅郡　新島村（新島徳十郎）・妻沼村（小池五十郎）
② 幡羅郡　出来島村（板倉伊佐美）・間々田村（青木忠吾）
③ 榛沢郡　中瀬村（斉藤安衛）・沖宿村（高田平九郎）
④ 榛沢郡　阿賀野《あがの》村（富田七郎次）・手計《てばか》村（山口源衛）
⑤ 児玉郡　沼和田《ぬまわだ》村（長沼孝太郎）・賀美《かみ》郡黛村（萩原杢衛）・深谷宿（須藤清七）
⑥ 児玉郡　上仁手《かみにって》村（茂木安吉）・賀美郡宮戸《みやど》村（金井総平）
⑦ 児玉郡　児玉町（松井龍作）・榛沢郡寄居《よりい》町（田中新五郎）
⑧ 大里郡　河原明戸《かわらあけと》村（飯田興平）・熊谷駅（石川八郎右衛門）・村岡村（長井市太郎）
⑨ 秩父《ちちぶ》郡　大宮郷（久保庄左衛門）
⑩ 秩父郡　上小鹿野《おがの》村（柴崎佐平）・下小鹿野村（森久吉）
⑪ 入間郡　森戸《もりど》村（中島孝三郎）
⑫ 埼玉県　埼玉郡持田村（三田清太郎）・足立《あだち》郡塚越《つかごし》村（高橋新五郎）

この配下で、鯨井が明治六年六月ごろまでに入間県大惣代として従事した業務は主に、①蚕種の「国用充備」、②蚕種印紙税の執行、③粗悪品の取り締まり、④養蚕検査表の配付、⑤一国限り優等蚕種鑑定、の五つである。

なお、明治六年二月、群馬県令河瀬秀治《かわせひではる》が入間県令を兼務し、前橋と川越の中間にある熊谷寺を事務局とした。同年六月十五日、群馬県（第一次）と入間県を合併させ、県庁を熊谷寺としたところから、熊谷県が成立した。熊谷県域はかつての岩鼻県域に旧川越県域を加え、旧岩鼻県より広大となった。

熊谷県が再び分裂するのは明治九年八月のことで、武蔵国分が埼玉県となり、上野国分と栃木県山田・新田・邑楽《おうら》三郡を合わせ群馬県（第二次）が成立する。

国用蚕種の確保

鯨井の埼玉県大惣代兼勤が正式に確認されるのは蚕種の製造が佳境に近づいた、明治五年六月五日である。六月九日、鯨井は浦和駅の埼玉県庁に出頭、県令野村盛秀《のむらもりひで》および権参事白根太助《しらねたすけ》に対し、埼玉県管内の蚕種免許人の姓名と、来る酉《とり》年の製種員数取り調べを申し入れた。翌十日、埼玉県は県内に布達し、鯨井勘衛の大惣代兼勤と、当年に限り大惣代にかわって各区戸長が、酉年製種員数の取り調べを行うよう指示し、取り調べ期限を同月十八日までとした。もっとも、埼玉県が指示したのは第十六区戸長のみであった。取り調べの結果は按分《あんぶん》し、管内凡積書とする。

いっぽう、六月十日、鯨井は大蔵省租税寮に出頭し、高梨中属に面会して、「国用充備」の全国一致的な実施のため、大惣代たちの会同を強く申し入れ、高梨中属からは同件を「渋沢邸」に申し伝える内諾を得た。国用充備とは、すでに何度も指摘したように国内用の蚕種を確保したのちに海外輸出用を検討する件である。そして、申し伝える渋沢邸とはもちろん、大蔵少輔渋沢栄一の邸宅である。

六月十一日、鯨井は小川町の「大蔵少輔渋沢邸」に出掛けるも、取り込み中のため面会は不可、そのため大惣代会同などを求める建白書写しを差し出し帰った。ついで翌十二日、租税寮に建白書本文を差し出し帰郷した。鯨井が大惣代会同を渋沢に強く申し入れるわけは、岩鼻県時代の経験にもとづくであろう。岩鼻県による一県的な蚕種輸出規制は何らの成果も見出すことがなく、蚕種不況の前に雲散霧消してしまった。全国一致の実施でなければ規制が成果をあげえないことを知る鯨井は、国用充備の実現には全国一元的な実施が不可欠であり、そのためには全国の大惣代を会同させ、規制に向け意志の統一が要用と考えたのであろう。しかし、渋沢との直談判は一旦、不可におわったのである。

帰郷後、鯨井はただちに配下の世話役たちに向け、管内の蚕種免許人員と現在でき高の調査書差し出しを命じた。六月十五日、小鹿野町組の柴崎佐平代理が調査書を持参、以降、陸続と世話役たちによる調査書の差し出しが続いた。鯨井は六月二十六日、「高書上帳同夜認《したた》め」、翌二十七日、川越本庁に出頭「総括員数精帳指しあげ、即日、大蔵省へお廻し願う」と、管内蚕種数を差し出した。

それ以前、六月十九日、鯨井は島村の田島弥平と武平を訪う。鯨井の玉井村と島村のあいだはおよそ一八キロと、近い距離ではない。田島両人はいうまでもなく群馬県大惣代である。武平は出県中で留守、鯨井は弥平と会い、国用充備を強く申し合わせる。ついで六月二十四日、鯨井は添書をもって「国用充備方法良按もこれあり候ハバ仰せ越され度、懸り場国用の分、現在高二分五厘方とみえ候」と、田島両氏に書き伝えた。これは入間県の国用充備割合を示すであろう。

夏蚕種製造の時期が近づく六月末から、大蔵省は各養蚕場に巡廻掛《じゅんかいがかり》を派遣した。目的は「旧弊一洗、規則践行の実地検査、粗悪品濫製不致の説諭、および管内の蛹《さなぎ》でき高・原種入用高・蚕種でき高・蚕種輸出高・生糸でき高・生糸輸出見込・生糸国内売りさばき見込」の各調査である。巡廻掛は入間・埼玉・山梨三県が租税寮十一等出仕細野時敏、群馬・栃木・宇都宮三県は同十二等出仕園田一直であった。当年の蚕種でき高にもとづいて次年の原種入用高を算出し、国内用と国外用に区分して管内原種数を掌握、大蔵省はこれを総合して国用を確保したのちに、海外輸出高を検討することになる。国用充備につながる重要な調査であった。

七月六日、埼玉県に「酉原種、因循《いんじゅん》にて精帳いまだでき申さず」として、村岡副を派出、巡廻掛に提出する管内原種数などの提出を催促した。

七月十六日、島村の田島弥平代理として栗原勘三が鯨井邸に急来、巡廻掛園田一直に差し出した群馬県ほか二県の酉年原種数をもたらした。二県は田島両人が当面兼勤する栃木県と宇都宮県である。鯨井は「海外二割引き」という群馬県などの国用充備割合を確認した。

二日後の六月十八日、鯨井は巡廻掛細野時敏の深谷駅宿泊さきに出頭、「出役ご用写」を差し出した。このときの提出書類は、埼玉県管内の原種数であろう。

鯨井は七月十七日、大蔵省租税寮の至急な呼び出し状を受け取る。七月二十一日出京、八月晦日まで四〇日ほど滞京した。このときに呼び出しを受けた大惣代は鯨井のほか、田島弥平・中村善右衛門・藤本善右衛門・並木勘三郎など、幹部級であった。租税寮の用件は、外務省が外国人から買い入れた夏蚕種の処理、三井横浜為替店の蚕種製造規則背戻《はいれい》事件の処理、蚕種製造規則書の授受などである。

鯨井は七月二十六日と翌二十七日、横浜に出張のため「鉄道乗込」、あるいは「蒸気車乗込」と記し、仮開業中の官設鉄道を往復とも利用した。

これらの用件が済むころ、八月二十三日、鯨井は村岡副を同道し「天神町渋沢邸へ伺、留守」、翌二十四日再び「村岡同道、天神下出張、夜に入り面謁、猶また不日出張の筈」と、渋沢に面会するが、再出張を約し帰宿した。渋沢邸訪問の理由は、八月二十七日、「天神下へ村岡同道出張、来る酉製造方法一体事件につき、国々大惣代の呼び出し相成り候なり」という記事で、氷解する。鯨井は国用充備の件について、執拗に大惣代会同を渋沢に求め続けていたのである。

明治五年九月、大蔵省は国用充備のため、今後、国内用を海外輸出用に転用することを禁止する旨を達した。

全国的な国用充備をすすめる措置である。

九月下旬、別の用件で出京中の鯨井は、九月二十六日に「天神下邸に尋ね、細野・宮崎に面謁」したが、渋沢には会えなかった。しかし、十月朔日の再訪では「天神下邸へ行、面謁、来る十五日国々大惣代召すの用状差し出しの由」と、渋沢に会い、ついに大惣代会同の実施という朗報を得たのである。

十月十五日からの大惣代会同に、鯨井は風邪などのためやや遅れて、十月二十日、大蔵省租税寮に出頭、参会した。このとき会同の大惣代は、二〇府県総勢二四人（内副六人）であった。鯨井の滞京は十一月二十六日までと今回も長期となったが、主な用務は、蚕種製造規則背戻事件の東京裁判所蚕種鑑定、幸橋《さいわいばし》門内博覧会事務局の蚕種例品鑑定、および蚕種原紙漉立《すきたて》規則の申し合わせと、国用充備の検討であった。

明治五年十一月制定の蚕種原紙漉立規則は蚕種原紙規則と同売捌所《うりさばきじょ》規則からなり、翌六年三月からの実施を予告する強力な蚕種規制である。蚕種原紙は大蔵省が漉立て、これを武蔵国深谷・岩代国福島・信濃国上田と三か所の売捌所で販売、原紙の買いつけは大惣代が執り行う。これにより大蔵省は原種生産に絶対的に必要な原紙を調整することで、蚕種家の生産を規制する手段としたが、統一的な実施のため、大惣代に申し合わせを求めたのである。

鯨井が強く求める国用充備の件については、田島弥平が中心となり、各大惣代管内の当年蚕種でき高を取り調べ、これを総計して十月二十九日、大蔵省に差し出した。これは全国凡積の基礎となる取調書と考えられる。弥平と鯨井にとっては二度目の提出となるが、取調書の差し出し以降、国用充備に関しては何らの動きもみられないまま、十一月二十四日、「今般改暦頒布仰せ出だされ候につき、私ども一同立ち戻り帰国、新歳賀節仕りたく、然る上は組々製造凡積免許願高取り調べ、支配県庁へ差しあげ、同帳持参、来る新二月十日、相違なく一同着届け」として、明治六年二月からの全国大惣代会議まで、国用充備の決着は年越しとなった。

年越しの理由は大物代制にもっとも積極的な群馬県でさえ、世話役の選出がようやく会同中の十一月中旬に行われていることから判断して、全国的にまだ充分に大物代の任命が整っていなかったこと、および大物代の既設府県でも、原紙漉立数の基礎となる蚕種家ごと国内用国外用別のより詳細な原種凡積数が求められたこと、などによると考えられる。

渋沢栄一の富岡製糸場視察

明治五年は太陽暦採用のため、旧暦十二月三日が新暦の明治六年一月朔日である。鯨井は会議切りあげ後の用事を済ますと、急ぎ帰郷した。そして正月の祝も朔日で切りあげ、二日には博覧会事務局から指示を受けた「国々蚕養方法」の原稿をしたため、翌三日「熊谷郵便」にて発送した。一月十三日からは「明細精帳」の調べをはじめ、連日、村岡副とともに精査に従事、一月二十一日は「書家師匠」に依頼し清書の上、一月二十九日、これを「免許願帳」とともに、村岡副にもたせ、深谷支庁に差し出した。

それ以前、一月二十一日、鯨井は村岡副を同道し、富岡に出張した。玉井村と富岡町のあいだはおよそ四五キロ、健脚ならば冬場の日中歩き通して辿り着けない距離ではないが、当日の鯨井らは「荒井」で一泊した。「荒井」が地名か旅宿先かは、明らかにできない。

翌二十二日、鯨井は富岡製糸場を「拝見」、同夕、先着していた租税頭陸奥《むつ》宗光《むねみつ》に面会し、原紙代価は新貨二〇銭、免許料は同一〇銭など蚕種取締規則の実施直前における情報を得た。

一月二十三日、渋沢栄一が富岡に来着した。渋沢の来訪はもちろん、前年十月に開業して間もない富岡製糸場の視察が目的である。同場生みの親といえる渋沢にとって、是非ともの視察だったであろう。

富岡製糸場の繰糸工場は、長さ四六丈八寸（約一五四メートル）、間口四丈一尺七寸（約一四メートル）、高さ三丈九尺一寸（約一三メートル）の二層建て、繰糸機は一列一五〇釜、二列合せて三〇〇釜、蒸気機関は一座が繰糸用、五馬力五座が煮《しゃ》繭《けん》用である（『富岡製糸場誌』上）。

この大規模な近代的器械制工場が本格稼働すれば費消しなければならない原料の繭量は、在来の主要な生産手段である座《ざ》繰《ぐり》製《せい》糸《し》の比ではない。富岡製糸場の持続的な大量生産に備え原料繭を充分に確保すること、これが渋沢の主導し、大惣代がすすめる国用充備の発端を形成したと考えられる。

渋沢の富岡製糸場視察は前年末の大惣代会同中から予定されていた行動と思われる。そこに示し合わせて鯨井が来訪したのである。二十三日夕から鯨井は渋沢と会談し、蚕種原紙漉立規制と新規営業者とのかかわりなど、実施直前の情報を得たし、原紙規制が全国均一に実施されるよう要望もした。

この会談後、明治六年二月二十一日の「渋沢邸へ同行伺、留守」の記述を最後に、渋沢栄一の名は「元素楼養蚕関係文書」から消えるが、渋沢による大惣代制の主導ぶりはすでに充分確認することができた。

国用蚕種確保の達成

鯨井が全国大惣代会議のため出京するのは明治六年一月三十日、翌三十一日小柳町伊勢屋伝次郎方に止《し》宿《しゅく》した。伊勢屋は各府県大惣代たちの定宿《じょうやど》である。同日、鯨井は租税寮に出頭し到着届けを提出、以降、四月十日に大会議終了まで長期間滞京した。今回の会同大惣代は四〇府県四五人、このうち副は九人である。

鯨井は今回も多用であったが国内充備については、三月に入ってから指示があった。三月四日、大蔵省原紙掛より一同に「製造願高」を同月七日までに差し出すよう指示が下される。当日の七日、製造願高をしたためあげ、大惣代代表が大蔵省に持参した。製造願高とは鯨井が入間県に提出した「免許願帳」など管内原種凡積書のことである。その後、凡積書の提出遅れや訂正などもあり、三月下旬にようやくつぎのような四一府県の全国凡積数が算出された。

国用　　四六万六二〇六枚

海外輸出用　二五一万四八四七枚

合計　二九八万一〇五三枚

国用充備率は一五・六％となるが、これがどの程度の意味合いなのかは四月十日の帰郷会合に際し、鯨井の建言に、「帰着の上、至急製造凡積免許高改め取り調べ、書き上げ奉り候につき、国用欠乏相成り居り候分、銘々増高注意いたし候」とあるところから、充備率は不足だったことが判明する。そのため会合では租税頭陸奥宗光により「国用充備注意、規則徹底尽力云々《うんぬん》」と、大物代一同に懇話がなされた。帰郷後、鯨井のはじめた任務のひとつが国用充備のため蚕種家たちへの説得活動であった。

全国大物代会議の検討を受けて、大蔵省は明治六年四月、蚕種製造規則を改め、蚕種取締規則を布告した。同規則では蚕種生産への蚕種原紙による規制強化を盛り込み、かつ海外輸出用を国内用に振り替えられるようにしたところに特色があり、国用充備につなげる措置であった。

輸出組合の成立

なお明治六年五月に輸出生糸の取り締まりを本旨とする横浜生糸改会社が設立されると、輸出蚕種は同社が取り扱うように改正された。それ以前の全国大物代会議中に、大蔵省では輸出用が二万枚をこえる府県の大物代に対し郡などを単位に組合を設けさせ、輸出用には「養蚕場区号小札」を貼付させ、組合名の表示を義務づけた。組合設立県と組合名はつぎのとおりだが、輸出組合設立の目的は輸出用蚕種の取り締まりと、横浜生糸改会社における国内用・国外用振り分けなどの便宜と考えられる。

山形県　最上《もがみ》組　高畑組

置賜県　上長井組　中郡組　北条郷組　下長井組

宮城県　伊具《いぐ》組　遠田《とおだ》組

表7　蚕種輸出枚数と価額

年次	数量(枚)	価額(円)
明治4年	140万	128万
〃　5年	128万	224万
〃　6年	141万	306万
〃　7年	133万	73万
〃　8年	72万	47万

福島県　柳川《やながわ》組　粟野《あわの》組　伏黒《ふしぐろ》組　達崎組　信夫《しのぶ》組　安達《あだち》組
栃木県　新田組　山田組　邑楽組　足利《あしかが》組　都賀《つが》組
入間県　荒川組　利根川東組　利根川西組　秩父組　入間川組　神流川《かんながわ》組
群馬県　碓氷組　甘楽組　多胡組　緑野組　群馬組　勢多組　那波組　佐位組
山梨県　栗原組　万力《まんりき》組　大石和《いさわ》組　小石和組　三中組　巨西組
筑摩県　筑摩組　伊那《いな》組　諏訪組　安曇《あずみ》組　飛騨《ひだ》組
長野県　上田組　埴科《はにしな》組　川中島組　水内組　川東組　岩村田《いわむらだ》組
滋賀県　三林組　浜組　朝日組　木之本組

明治四年からの蚕種輸出枚数とその価額をみると、表7のようになる。

明治六年の一四一枚を頂点にして以降減少し、翌七年は一三三万枚と枚数の減少はそれほどでもないが、価額は四倍強も減少している。蚕種大物代制の存続期間は明治五年から七年にかけてわずか三年間に過ぎないが、六年は大物代制による輸出規制が機能しての輸出量頂点であるから、国用充備も達成されたとみることができよう。

蚕種印紙税の執行準備

蚕種免許印紙は大蔵省が作製し、府県を通じて大物代に配付、大物代が世話役に交付する。蚕種印紙税は蚕種の製造時期に世話役が組内を巡回し、蚕種の品位検査を実施したのち、印紙を貼用して蚕種一枚につき五銭の割合で印紙税を徴収する。品位検査は不正品の摘発を目的としており、蚕種の取り締まりに直結する。この品位検査に併せて印紙税を徴収することが、蚕種印紙税の執行である。

鯨井は明治五年六月十三日・十四日・二十四日の三回にわたり川越県庁および深谷支庁に掛け合い、取り立てた税金の納付が「都度つど」では川越町は遠隔すぎて困難なため、自宅から比較的近い深谷支庁にするよう申し出て、結局、許された。玉井村が入間県中部にあり、川越町が同県南部にあって、深谷支庁は県の北部にあるが玉井村からは深谷支庁のほうが近く、当然の要求であった。

鯨井は六月二十六日に川越県庁に出庁し、翌二十七日、海外輸出用の印紙五万枚を受け取る。さらに六月二十八日には村岡副が、つぎのように証印用の各世話役の小印鑑二四人分を県庁から受け取り、鯨井邸に持参してきた。小印鑑は貼付の印紙端に捺印し、世話役による蚕種検査、印紙税徴収の明証とするためのものである。

松井・龍作　高橋・新五郎　三田・清太郎　森・久吉　富田・七郎次
青木・忠吾　板倉・伊佐美　柴崎・佐平　山口・源衛　小池・五十郎
高田・平九郎　久保・庄左衛門　長井・市太郎　新島・徳十郎　斉藤・安衛
須藤・清七　茂木・安吉　長沼・孝太郎　田中・新五郎　中島・孝三郎
金井・総平　萩原・杢衛　飯田・興平　石川・八郎右衛門

すでに鯨井は各組の免許人員とでき高を掌握済みであったから、これら印紙・証印用印鑑はただちに世話役たちに配付したであろう。大物代および世話役たちによる蚕種印紙税執行のはじまりである。以降逐日、鯨井に対する世話役の印紙税納入、鯨井の世話役に対する印紙交付と、印紙税の深谷支庁納付、新たな印紙下付と世話役へ交付など、印紙税の執行がなされることになる。

蚕種印紙税の執行

つぎの表8にその執行状況をみるが、貨幣単位を一両一円とし、これを原貨に銭・厘の一〇進法を採用した新貨条例の実施間もないこともあり、税金額には旧貨と新貨の混用がある。また、備考欄にある「包」は「包歩《つつみぶ》銀《ぎん》」の略称で、包歩銀については蚕種製造規則に何の規定もない。包歩銀は世話役が蚕種一枚につき永三文の割合で徴収し、これを大物代に差し出し、大物代が府県に納付している。実際には、国外用印紙貼用のときに徴収

表8　蚕種印紙税の執行状況

月日	世話役等	納入税額	印紙枚数	備考
六月二十九日	茂木安吉ほか	一五七二両　永三〇〇文	一万	包一両二分
〃	三田清太郎		九五〇	
七月朔日	飯田興平ほか	一三九両	六〇〇	
〃	新島徳十郎	一〇〇両預り		
二日	小池五十郎	(明日持参予定)	八〇〇	
三日	斉藤喜平ほか	一〇四八両二分　永五〇文	八八八	包一分
〃	田中新五郎	一一一両	五四六	
四日	須藤清七	二九両三分		包一分
〃	板倉伊佐美ほか	一三二両　永六五〇文	四〇〇〇	包一分二朱
〃	小池五十郎代理	一八〇両三分	八〇〇	包一分包
〃	松井龍作	五九〇両　永九五〇文		包二分永五〇文
五日	高橋新五郎	二一二両		
六日	長沼孝太郎代理	一〇〇両	四七九	
七日	柴崎佐平	一五三両　永五〇文	三二一	包一分
八日	三田清三郎代理	六三両　銀三匁		
十日	須藤清七	一〇〇両		
〃	・鯨井二〇四五両深谷支庁納　印紙五万四〇〇〇枚受け取る			
十一日	・埼玉県より国用印紙四二二枚、海外用一二八一枚村岡持参			
十二日	河田角衛		国用印紙渡	
〃	河原明戸村	遅蚕税三両　永五〇文	国用印紙渡	
〃	田中新五郎代ほか		一七七七枚	
十三日	松井龍作	遅蚕税二両　永一〇〇文	印紙渡	
〃	長沼孝太郎		印紙渡	
十六日	熊谷弥助	遅蚕税納		
十七日	新島徳十郎	一五両内納	国用印紙渡	
十九日	・斉藤安衛税納四両不足、安衛氏喜平より受け取り直に納める、村岡県に持参			
九月二日	・蚕種税金四七〇両三分二朱鐚一五〇文、外六両一分銭一二四文納、村岡持参			
	・これまで合金七五二六両、永九〇〇文、金六両一分、永一二四文包歩銀			
十月三日	・鯨井埼玉県に八四円一五銭、銀四匁二分七毛の包歩銀納税			

しており、鯨井はこれを「手当」として預かっている。包歩銀は世話役の印紙・印鑑などを持ち運ぶ補助者たちへの支払いなどにあてる手当金とし徴収する印紙税の附加税と考えられるが、詳細は不明。

七月十日までの徴収額は四五二九両あまり、鯨井が同日に深谷支庁に納めた額は二〇四五両で、両額は合致しない。鯨井の記載漏れがあると思われる。鯨井の蚕種印紙税の執行は六月末からはじまり、七月中旬までが最盛期で、七月十九日で一旦おえた。その後鯨井は七月下旬から長期間にわたり出京したから、後事の執行は村岡副が担当した。こえて鯨井は九月二日に「六月二十五日総括残納」として、蚕種税金四七〇両あまりを村岡副に持参させ本庁に納付させた。同時に、これまでの税金は合計七五二六両あまりと記している。印紙一枚五銭で還元すれば、印紙数は一五万五〇〇枚ほどとなる。鯨井が受け取った印紙数は合計すると一〇万四〇〇〇枚である。これから差し引きして、村岡副の執行分は四万六五〇〇枚あまりの計算となる。

鯨井は十月二十六日、世話役の出張旅費と印紙貼用給に関する長野県布達を入手した。世話役の出張旅費は一日につき永四〇〇文、印紙貼用給、すなわち世話役給はつぎのような割合で算出する。

蚕種紙三〇〇枚以下三両を給金とする

四〇〇～一〇〇〇枚は一〇〇枚ごとに一両増し

例示一〇〇〇枚ならば給金三両と七両を加え一〇両

一〇〇〇～一万枚は五〇〇枚ごとに一両増し

例示一万枚ならば一〇〇〇枚一〇両に九〇〇〇枚の一八両を加え二八両

一万以上は一〇〇〇枚ごとに一両増し

例示二万枚ならば一万枚二八両に一万一〇両を加え三八両

ただし、印紙貼用給は一組の世話役が割り合う世話役給について鯨井は何らたずさわってはいない。入間県から直接、各世話役に支給されたのであろう。

蚕種の粗悪品問題

蚕種家が製造する蚕種は大概が翌年に行う養蚕の原種となる。蚕種家も養蚕農民もこの原種を元に養蚕を行い、生繭《なままゆ》を得る。生繭は巣ごもりの状態であるから、繭中ではサナギが生育している。養蚕農民などは繭中のサナギを殺して乾繭《かんけん》とし、生糸の生産に備える。いっぽうの蚕種家は生繭をそのまま養って出蛾させ、交尾させたあと、原紙に卵を採取し、蚕種を得る。生繭はこのように糸繭用、種繭用の二面性を併せもっており、養蚕農民でも蚕種の製造自体は可能であった。

そのため養蚕農民のなかには商人などから融資を請けて、生繭および桑葉を購入し、大量に蚕種を製造、売り込み商人などに託して、急激に高まった外国商人の蚕種需要に応じる者が続出した。しかし、多種類な蚕が各自にもつ性質や桑樹の特性を無視した養蚕、製種であったために、このような原種を用いた養蚕は不良の結果となることが多く、粗悪品問題の一因ともなった。粗悪な蚕種はそれを手がけた養蚕農民はもちろん、融資者、売り込み商人、外国商人、欧州の養蚕家など、国内外の関係者に多大な損害を与える結果となったのである。

渋沢喜作《きさく》は渋沢栄一の従兄であり、ともに尊王攘夷を目指した同志で、ともに一橋慶喜《ひとつばしよしのぶ》の家臣となった親友でもある。喜作は戊辰戦争に幕臣として従軍、上野の彰義隊《しょうぎたい》では頭取となる。彰義隊壊滅後は北多摩地方の田《た》無《なし》で「振武軍《しんぶぐん》」を結成、飯能《はんのう》戦争までは僚友尾高惇忠《おだかあつただ》と行動をともにした。喜作は飯能戦争の敗戦後は、海軍副総裁であった榎本武揚《えのもとたけあき》、新撰組《しんせんぐみ》隊士の土方歳三《ひじかたとしぞう》らと北海道函館に転戦、明治二年五月の五稜郭《ごりょうかく》の戦いで敗れ、獄につながる。

明治五年正月、喜作は榎本武揚、大鳥圭介《おおとりけいすけ》らほかの旧幕首領とともに赦免《しゃめん》、同年三月、大蔵省勧農寮に七等出仕として奉職した。喜作は大蔵官僚として、完成間近い富岡製糸場の「馬車道」整備事業などに従事した。同年十月、喜作は欧州蚕業視察員に任命され、渡欧した。翌明治六年二月、喜作がイタリアのミラノから縁戚で親友の福田彦四郎にあてた書翰《しょかん》には、つぎのような一節が記されている（『渋沢喜作書簡集』）。

両三年来、春夏の種はじめ粗悪濫製の種多く到来候より、下民一統に偽惑を生じ、同様政府において同断の様子、是非とも真の製造法方（ママ）貫徹の上、右ようの偽品製造人偽名などこれなきようにいたし、春夏の種はじめ偽品これなきよう、規則これなく候にてハ、漸々年々輸出高も相減じ候よう、必ず必ず立ちいたり申すべく候あいだ、右などご承知になり、田島一統へもお申し通じ、邦家のため、養蚕場種製造人どものため、ご配念これありたく候

すなわち当期の欧州では、日本蚕種の粗悪品に端を発して日本蚕種全体への不信感が広がっており、防止のための規制を実施しなくては輸出減退が懸念されるほどだったのである。

書中の「田島一統」とはいうまでもなく田島弥平と武平をさし、両人はともに群馬県大物代であり、彦四郎は配下の世話役であった。喜作は親友の彦四郎を通し、いわばかれの上司にあたる田島弥平・武平に、欧州蚕種情報を伝えていたのである。

渋沢喜作の赦免後間もない大蔵省出仕、富岡製糸場事業の参画などは渋沢の後ろだてがあってのことであろう。喜作の欧州蚕業視察員拝命も、大物代制のための欧州養蚕、蚕種情報などの入手があったであろうから、ここにも渋沢による大物代制の主導ぶりをうかがわせる人事がある。

粗悪品問題の根元

明治五年五月、大物代会議の直後、大蔵省は生繭の製造を蚕種家のみに許すことにした。多数な養蚕農民に取り締まりの範囲を広げては限りのある大物代の取り締まりに限界のあることは当然で、粗悪品の濫製を阻止するためには、取り締まりの対象を蚕種家の手になる蚕種に限ったのである。

一説には、「菜種」を貼りつけた蚕卵紙《さんらんし》が出廻り、粗悪品の代表例のように、まことしやかに語られることがある。しかし、そのような素人にも判断できる不正品が粗悪品問題の大勢だったわけではない。問題は蚕の特性に根ざすものであり、蚕種家たちによる粗悪品、不正品の製出にあった。

大惣代会議直後に公表された大惣代中合書が指摘し、問題のある蚕種製品とは、つぎの五種である。

夏蚕《なつご》　夏蚕用の蚕種

再生《さいせい》　春に採種した蚕種を原種として夏に再び製する蚕種

掛合《かけあい》　春蚕用と夏蚕用を掛け合わせて製する蚕種

夜付《よつけ》　余付とも書く。製種済みの廃蛾にはまだ残余の卵がわずかに存在し、廃蛾を集めて一枚に製する蚕種で、夜付は卵がふ化しない不正品である

糊付《のりつけ》　脱卵を防ぐため糊づけした蚕種、不正品である

この五種について、明治六年三月、大蔵省からの下問に鯨井が回答した「蚕種弁稿《さんしゆべんこう》」では、大要つぎのような点を指摘している。近代科学の進歩で明らかとなる知見も含め、粗悪品問題を解き明かす。

蚕には年に一度ふ化する一化生《いつかせい》と、二度以上ふ化する多化生《たかせい》の種類がある。夏蚕と再生、掛合はともに、二度以上ふ化する蚕を用い、夏に製種する。夏の養蚕は蚕の成長が促進され、それだけ飼育経費が安く済み、温暖育と同じような効果が見込まれた。しかし、これらの蚕種は原紙から脱卵しやすい難点があり、春蚕に用いる原紙の「厚紙」に採種したものは売買を禁制とし、売買すれば不正品である。

夏蚕用の原紙には「薄紙」を用いるが、薄紙に採種したものは脱卵しにくくなるので、売買を許した。したがって、薄紙に採種すれば夏蚕・再生・掛合はともに不正品ではないが、不良な結果となることが多い粗悪品である。だから、一流といわれる蚕種家はこれらの蚕種を嫌い、強いて手掛けることはない。

夏蚕・再生・掛合の三品は厚紙ではなく薄紙に採種する粗悪品であるから、価格はきわめて安価となる。蚕種家のなかにはこれらを厚紙で製種したり、厚紙に糊づけしたり、それを見栄え良く包装したりして、正規品にみせ掛けて高価に売りつけようとする者があとを絶たなかった。糊付はもちろん、極悪の不正品である。

粗悪品の取り締まり

これら粗悪品の横行は、結局は海外における日本蚕種の声価を下落せしめ、輸出の減退につながることは欧州視察員の渋沢喜作の書翰に明らかであり、輸出の首座にある生糸の声価を下落させることにもつながりかねないから、大蔵省は蚕種の取り締まりに心血を注いだのである。取り締まりは蚕種印紙税の徴収に併せて実施する品位検査のときが、まさに絶好の機会である。しかし、夏蚕・再生・掛合などの粗悪品や、夜付・糊付などの不正品の摘発は、士族出身の事務官僚には不可能な事柄であり、養蚕の経験に富む専門家の鑑定眼を必要とする。この鑑定眼の必要性が、大惣代あるいは世話役に蚕種家という養蚕の専門家を求めさせた一因となったのである。

品位検査のときでなくとも、蚕種の警察的な取り締まりは大惣代の任務であった。鯨井は明治五年六月六日「熊谷糊付探索」のため、同月七日熊谷に出張し「蚕種二十六枚糊付ニつき取りあげ」た。翌八日には「糊付その他巡邏《じゅんら》はじ」め、七月二日には「古海《ふるみ》村糊付いたし居り、そのほか前木村赤岩村にては、憚らずいたし居り候」などと、配下の世話役を指揮して探索や巡邏、不正品取りあげ、不正品製出情報の収集など、警察的な取り締まりを実施した。

蚕種の粗悪品を防止する業務は、大惣代制では最重要であった。蚕種印紙税の執行、品位検査の実施、警察的な取り締まりなどは、すべて粗悪品製出の防止手段であった、といってよい。大惣代制が機能しはじめると、粗悪品問題は急速に消滅していった。

表9　大蔵省公表の養蚕検査表（明治六年四月）

	事項	記載要領
本欄	日誌	八十八夜前後の掃立より飼育月日を順記する
	晴雨	掃立より成繭までの晴雨など毎日記載
	寒暖	寒暖計にて朝六時、昼十二時、夕方六時の温度
	養桑度	給桑度数
	雇人夫	雇人数、日数
	蚕掃立ヨリ四眠迄ノ虫量	一眠・二眠は掃立の総数あるいは籠数、藁座数など、三眠は蚕数あるいは籠数など、四眠は養蚕器械ごとの蚕数および総数
	桑分量	一眠・二眠は給桑貫目あるいは束数、三眠・四眠はどこの地の給桑貫目あるいは束数および給桑総数、買桑の場合も同様、四眠はとくに用桑の善悪も記す
欄末	養蚕器	籠、藁座などの総数
	簇	上信はマブシ数および総数、奥羽はエビラ数および総数
	繭	養蚕器械ごとに石数および総石数、地方により「山ハカリ」「水ハカリ」「六寸ノリ」などによる総数記載でも可
	繭貫	養蚕器械ごとに繭貫目および総貫目
	蛾歩方	世話役検査の上、養蚕器械ごとの出蛾歩数
	蚕紙数	世話役検査の上、蚕種の生産総数

養蚕検査表の目的

養蚕検査表は、養蚕の始終を記録する罫紙《けいし》である。明治六年四月に大蔵省が公表した「養蚕検査表例言」（『法令全書』明治六年）では、検査表は「蚕卵の掃立《はきたて》より蛾化生卵にいたるまで」を詳細に記録し、「粗悪偽贋の根本を掃除する」ことに「深意」があるとしている。検査表は蚕種家などが製種のために行う養蚕の始終を詳細に記録することにより、粗悪品問題の根元を取り除くことを目的とした。すなわち、優良な蚕種を製出するため養蚕改良の研究資料とするところに目的があったのである。

大蔵省が作製する検査表は、罫紙一枚に、蚕種家名とその住所、家内の男女別人員、製種に用いた原紙数と、表9の一三事項を記載要領に沿って記録する。検査表は蚕種家ひとりに二部ずつ交付し、「蛾歩方」と「蚕紙数」の記入にあたっては、世話役が検査する。記録済みの検査表は大惣代が取りまとめ、明細帳をしたためて租税寮へ提出し、さらに大蔵省が検査する、とした。検査表の各蚕種家への配付、検査、取りまとめ、大蔵省への提出など、これが大惣代制の業務である。

検査表の考案者

養蚕検査表の考案者は、群馬県大惣代の田島弥平である。

明治維新のころ、海浜の養蚕は潮風のために不適という風説がもっぱらであった。弥平は明治五年から宮中の養蚕教師に従事するが、東京湾の間近に位置する宮中は、海浜養蚕の「豊熟」を立証する絶好の機会と捉え、宮中養蚕の始終を記録した。

弥平は『続養蚕新論』に、五年三月十四日の着手から五月二十三日の上簇《じょうぞく》にいたる宮中養蚕の始終を「養蚕検査表」として載せている。つぎに、三月二十三日と四月五日の項を示す。ここの事項および記載内容と、大蔵省の養蚕検査表本欄が示す事項および記載要領とは、ほぼ同じである。なお、弥平がこの宮中養蚕に用いた蚕種紙は、北海道石狩国産の三枚と島村産の三枚である。

	三月二十三日	四月二十一日
【事項】	皇后宮様蚕室ご遊覧	
晴雨	陰　昼ヨリ晴	快晴　朝冷気
寒暖	六十八度	五十四度　火力ヲ用ユ

養蚕度　桑五度　桑五度

養育人員　蚕婦十二名差出　蚕婦十二名差出

虫ノ量　―　十七日掃　エゾ印四　船ノ起　二万千頭

裏採リ取拵《とりこしら》ヒ　―　十九日掃　上州種三　午時ヨリ桑　夜桑づけ

また、弥平は『続養蚕新論』に、養蚕の善悪を判断するのは試験によってのみ可能で、試験の記録は簡易な検査表が至高であるとし、明治五年の自家養蚕を記録して「検査概略表」にまとめ、「有志ノ諸君ニ示ス」として、掲載している。

この検査概略表をつぎに示すが、その記録内容は大蔵省の養蚕検査表欄末とほぼ同じである。つまり、明治五年の宮中養蚕検査表と弥平家の検査概略表を合体させると、六年の大蔵省養蚕検査表ができあがる。この同一性と経緯が、大蔵省の養蚕検査表を田島弥平の考案とする根拠である。

検査概略表（三月十八日〜五月十日）　田島弥平

原蚕種　一八枚、一枚につき卵粒およそ五万六〇〇〇顆《つぶ》

卵粒概数　九九万顆

総秤量　一一八匁《もんめ》八分《ぶ》、ただし一顆を以て一弗《ふつ》とす

毛蚕《けご》　およそ九九万頭

秤　量　九九匁、ただし一頭一弗、ほかに九匁九分卵殻分一〇頭一弗、九匁九分水蒸分同量、このうち一〇万頭は他の望みに因りて頒《わか》ち与へたり

全養育の分毛蚕　八九万頭

三眠前計算数　七五万一三〇〇頭、ほかに一三万八七〇〇頭を減ず、これは卵粒より不化分その他損傷

せしものとも、ただし一五五八余減ず

成繭の分　二二六貫目《かんめ》、蚕一頭にて繭一粒およそ三分強なり

石　数　二一石四斗七升

蛾六分雌雄　およそ四四万四八〇〇頭発蛾す、うち雄蛾およそ二五万四四七五、雌蛾およそ一九万三二五

蛆・屑繭の分　およそ三〇万六五〇〇頭

製造蚕種　一六五五枚、一枚につき雌蛾およそ一一五頭、秤量およそ二二匁

田島弥平は明治五年の前半は二月の大物代申しつけ、三月からの大物代会議と宮中養蚕の教師役が重なり多忙であった。その多忙のなかで、海浜養蚕の豊蚕を立証するためその始終を記録し、養蚕の善悪を判断する資料とするため自家の養蚕もその始終を記録し、まとめた。ふたつの記録を合わせれば、大蔵省の養蚕検査表に結びつく。大蔵省がこの検査表の採用を決めたのは弥平が自家の養蚕・養種をおえたあと、明治五年八月ごろであろう。

検査表の配付

鯨井は明治五年十一月三日、大物代会同のさなか、「養蚕検査表仕立、深川清住町へ田島両人出張」と記した。鯨井の養蚕検査表に関する最初の記事である。田島弥平の考案にかかる検査表を、すでに大蔵省ではその採用を決めていたのであろう。田島両人の清住町出張は検査表罫紙の木版彫刻、見本刷りの依頼とみられる。

ついで十一月八日、鯨井は「検査表差出ス」と記した。見本刷りを大蔵省に差し出したのであろう。その後、全国大物代会議が終了する間際にはすでに、各大物代に手渡す予定の検査表用紙は印刷済みであった。

翌明治六年四月九日、全国大物代会議終了にあたり、鯨井には大蔵省から「養蚕検査表四千三百五十枚お下げ」があり、同時に「養蚕検査表ご施行につき世話役へお手当お下げ書」も受け取った。六年段階における入間

県の蚕種家数は二一七二人だから、鯨井が受け取った検査表四三五〇枚は予定どおり蚕種家ひとり二枚の計算となる。これを鯨井が配下の世話役に配付し、各世話役が管轄する個々の蚕種家に交付する。蚕種の製造がおわり、蚕種家が「蛾歩方」や「蚕紙数」を記入するにあたり、世話役がこれを検査する。手当金下げ書は、検査表の交付や検査に対し世話役に支払う手当金の概数であろう。

明治六年四月十一日、鯨井は「検査表并に衣類とも箱入れ、荷造、陸送いたし」、四月十六日、「川島楳坪来リ、ご趣意伝達、検査表八十枚渡」、と記した。埼玉県大惣代の川島は身内の病気で全国大惣代会議は途中から退席したため、鯨井に検査表のもち運びを依頼したのであろう。鯨井は川島に会議の申し合わせ趣旨を伝えるとともに、埼玉県の検査表を手渡した。

同じく四月十八日、入間県の世話役は「惣組集会」を開き、輸出蚕種用の組合区画を協議した。鯨井はこの機会を捉えて検査表を配付した、とみられる。

明治七年三月、大蔵省の殖産興業事務を受け継いだ内務省は、府県に達して「製造人どものうち、認《したた》め損などニテ再応請取方など申し立て」(『法令全書』明治七年)が多数あるとして、府県が独自に行う検査表罫紙の木版彫刻、印刷を許した。同達では、検査表の発行は明治六年が最初であること、また、検査表は毎年実施し、九月が報告期限であること、世話役の検査表手当ては一部一〇銭、なども周知した。

明治七年、内務省は「各府県ヨリ客歳実業ノ検査表ヲ徴収シ」と、昨年配付の検査表を回収、これを集成して全国の「養蚕検査一覧表」を編製した。この編製一覧表が「廃版類聚」に収載されている。それによれば、一府県ごとに三か町村ずつ、掃立・巣入・合日数・晴天・雨天・陰天、寒暖(最寒・最暖)・養桑度(掃立ヨリ初眠マテ・初眠起ヨリ三眠マテ・三眠起ヨリ四眠マテ・四眠起ヨリ巣入マテ)・虫数・養桑量・用具・収繭(桝量・衡量)・蛾分方・蔟《まぶし》数の各事項が記録され、合計四二府県の大きな一覧表である。もっとも、兵庫・堺・島根・愛媛・石川・岩手・

高知は二か町村分を載せる。

編製一覧表には、「各地養法ノ優劣、収穫ノ多寡《たか》および季節寒暖ノ差違ニいたるまで一目シテ瞭然タラシム、看者この表ニ就テ自他相照し、得失比較スレバ、すなわちその実業研磨ノ際また裨益《ひえき》アルニチカ、ランカ」との解説があり、一覧表を「実業研磨」のための記録、すなわち、地域、蚕種家などの養蚕法改良のための記録と位置づけている。この養蚕法改良のための記録という考え方は、田島弥平の養蚕の善悪を判断するための記録という考え方にもとづくであろう。これは、養蚕検査表が弥平の考案にかかる説を補強するものである。

養蚕検査表の実施が調査・研究に相当し、養蚕法改良のためにする一覧表の編成が立案に相当する。これが、調査・研究にもとづく立案という渋沢栄一の施策意図と結びつく。養蚕検査表は、蚕種大惣代制を主導する渋沢による採用と考えられよう。

なお、明治七年内務省の養蚕検査一覧表は、「廃版類聚」には収載が確認できるが、『法令全書』をはじめ『内務省事務年報書』などにはどこにも見出されない。府県に直接頒布したのであろうか。

入間県の優等鑑定

蚕種粗悪品の摘発に専門家の鑑定眼が必要ならば、同じく優等品の選定にも専門家の鑑定眼が必要なことはいうまでもない。これも大惣代および世話役に養蚕功者が求められる一因であった。優等品の選定は褒賞を通じ、養蚕奨励に直結する大惣代制の業務である。

明治五年八月八日、大蔵省は、「本年産出の蚕卵紙優等撰挙相成り候条、去々午年民部省より相達し候蚕種褒賞規則に照準し、一国限り三位の撰挙執り行い、右品来十月晦日までに当省勧農寮へ差し出すべきこと」と、明治五年分の一国限り優等蚕種鑑定の実施、および大蔵省への結果報告を全国の大惣代に達した。大惣代制最初の一国限りおよび全国優等蚕種鑑定の実施である。入間県が蚕種の鑑定を管内に布達したのは同八月十七日、鯨井はすぐさま世話役たちにこれを伝え、十月中の選出を命じた。

十月十一日、深谷支庁に管内二四組の世話役が集まり、寺内少属立ち会いのもと、武蔵国三等選挙を実施し、つぎの三名を選定した。

第一等　榛沢郡宮戸村　堺野弁蔵
第二等　同郡　同村　堺野定八
第三等　大里郡広瀬村　後藤保太郎

鯨井は風邪のため、この鑑定選挙の場には不参であった。十月十五日、村岡副が持参した桐箱三つに入った各等蚕種を受け取った。これと各等蚕種の出殻繭《でがらまゆ》三〇粒を箱詰めにし、深谷支庁に送付した。

明治六年一月末日に出京した鯨井は、二月四日、租税寮に対し「辛未三等優劣褒賞、去十一月書つけ差しあげ候かど」について伺い立てた。同様の伺いを三月十日にも行っている。これは入間県成立当初の明治四年十一月に鯨井もかかわった、つぎの優等三位者に対する褒賞伺いであった。伺いに対する大蔵省の回答は見出されない。当時、上野国では島村の蚕種家が褒賞を独占している。入間県は無視されたのであろうか。

第一等　旧忍県管下武州大里郡熊谷駅　竹井万平
第二等　旧岩鼻県管下同州榛沢郡新戒村　荒木常四郎
第三等　同県管下児玉郡上仁手村　阿久津重太郎

明治六年三月十八日、鯨井は明治五年分の全国優等蚕種鑑定の結果を、つぎのように書き留めた。

第一等上　置賜県西広谷村　市川喜問太
〃　中　長野県福島村　小林丈之助
〃　下　置賜県来田村　横山仁右衛門

第二等上　長野県福島村　平野要右衛門
〃　中　長野県町岩水村　町田長三郎
〃　下　群馬県島村　栗原勘三
第三等上　福島県岡村　田中太次兵衛
〃　中　入間県宮戸村　堺野弁蔵
〃　下　福島県　八巻佐次兵衛

上位第三等中に入選した入間県宮戸村の堺野弁蔵には明治六年三月づけで大蔵省から金一〇〇〇疋、入間県からは同三月二十五日づけで金五円が褒賞として下賜された。五年分の入間県一国限り優等二等の堺野定八には金三円、同三等の後藤保太郎には金二円が同県から下賜されている。

鯨井がたずさわった国用充備のための蚕種凡積、品位検査に併せて行う蚕種印紙税の執行、粗悪品の取り締まりなどに比べ、養蚕奨励のための蚕種優等鑑定はわずかな業務に過ぎない。大物代制が養蚕の奨励よりも蚕種の輸出規制に重点をおいたことは、これらからも判然となる。

両宮行啓の準備

英昭皇太后《えいしょうこうたいごう》、昭憲皇后《しょうけんこうごう》両宮による富岡製糸場の行啓日程をもっとも早く知ることができるのは、明治六年六月二日である。同日、群馬県令河瀬秀治から各戸長あてに「両后行啓」の布達があった。ついで同十二日、つぎの日程が各方面に布達された。

六月十九日　東京表　発輦《はつれん》	六月二十一日　深谷駅　小休	六月二十二日　吉井町　小休
六月二十日　熊谷駅　泊	本庄駅　昼休	富岡町　泊
	新町駅　泊	

さらに同十六日、つぎの順路が明らかにされた。

六月十九日（赤坂離宮ご出門）
巣鴨村　小休　内山長太郎
板　橋　昼　飯田宇兵衛
蕨　小休　岡田嘉兵衛
大　宮　泊　山崎長左衛門

六月二十日
上ケ尾　小休　油井粂五郎
鴻ノ巣　昼　小池三郎左衛門
吹上村　小休　森義三郎
熊谷宿　泊　竹井耕一郎

六月二十一日
玉井村　小休　鯨井勘衛
深　谷　昼　飯島宇平
本　庄　小休　田村左三次
新　町　泊　久保栄五郎

六月二十二日
吉　井　小休　堀越文二郎
富　岡　昼泊とも　松浦水太郎

同午後　製糸場天覧

鯨井勘衛が両宮の元素楼行啓を知らされるのは六月十五日、熊谷県成立の日である。同日、鯨井は熊谷事務局に出県し、第八大区三小区幡羅郡玉井村副区長正副戸長中への、つぎのような入間県令河瀬秀治による達を受け取る。

第八大区三小区幡羅郡玉井村　鯨井勘衛

皇太后宮　皇后宮上州富岡製糸場へ行啓、来る十九日東京ご発輦、同二十一日、右勘衛居宅へお小休、養蚕　ご覧遊ばされ候につき、中仙道往還より同人居宅までのお道筋取り開き方、諸事不都合これなきよういたすべく候、尤も委細同人へ申し談じおき候あいだ、打合い取り計らい申すべし、尚出張官員よりも申し談ずべく候、この段相達候なり同日夕刻、村中に両宮行啓が周知された。翌十六日、出張県官が来着、道普請は村の軒割役による人夫出しで実施するよう指示を下した。同日、埼玉県大惣代の川島楳坪と各組世話役も到着した。熊谷埼玉両県大惣代・世話役による行啓準備である。

六月十七日、出張県官のもとで道を広げる道普請を開始、十九日、宮内省官員の先見出張があった。二十日、騎兵隊長到来、宮内省大工ふたりが宿泊した。しかし、六月二十一日予定の元素楼行啓の当日は大雨のため、午前九時に玉井村小休の延引が伝えられた。

両宮の富岡製糸場行啓も予定より二日遅れ、六月二十四日に実現する。同日、熊谷県に出庁した鯨井は、還御の二十五日に両宮の元素楼行啓を伝えられる。しかし、翌二十五日も大雨の影響で道筋の「相川橋」が流失したため、両宮は新町宿に一日滞在となった。同日、鯨井はつぎの書状を受け取る。

皇太后宮　皇后宮も今二十五日新町駅へご着車、明二十六日午前八時ご発車、深谷駅お昼口その許宅へお立ち寄り、お小休相成り候あいだ、諸事先達てご談じ申し候通り不都合これなきようお取り計らいこれあるべく候、尤も本県よりも一人出張の手筈ニ候あいだ、ご見分お打合せこれあるべく候なり

明治六年六月二十五日　　行啓お供　熊谷県駅逓掛　㊞深津

鯨井勘衛殿

ここまでに、元素楼行啓には二回の日程変更があった。一回目は六月二十一日の予定が大雨のため延引となり、往路から復路への変更、二回目は同二十五日の予定が大雨の影響で橋が流失したため、翌二十六日への延期である。

民間養蚕行啓の実現

さて、元素楼行啓の六月二十六日は朝から快晴、午後一時三十分、両宮が元素楼に着輦した。主な予定の宮内

省供奉者はつぎのとおり、着座疊数とともに示す。総勢一二〇人をこえるが、元素楼への案内役は熊谷県令河瀬秀治、ほかに多数の県官が随伴した。

供奉（一人四疊程の見込）

萬里小路宮内大輔　福羽従四位　杉宮内大丞　林権大侍医　船曳小侍医

直丁一人（別間）

供奉（一人三疊程の見込）

和田宮内中録　鴨（脚脱カ）宮内中録　高木宮内権中録　今居元吉　伊藤政敏　中村雑掌長　平田雑掌

先着仕人（一人二疊程の見込）

岸長猷　直江重成　同直丁　佐々木儀之助　岩井具満

侍医附直丁

文屋政因

荷物才領

等外一等出仕平岡将成

内膳司（一人三疊程の見込）

植権大令夫　福田権少令夫　堀井権少令夫　十四等出仕山川正視　十五等出仕奥清房　同長堀正吉

膳部荒川儀兵衛

内匠司（一人二疊程の見込）

名島権大令史　小堀権中令史　十三等出仕木子清敬　大工三人　人足三人

調度司（一人三疊程の見込）

川田権中令史　原田権中令史
厩（一人三疊程の見込）
目賀田大馭者　元木小馭者　桑島小馭者　岩波小馭者　十三等出仕佐野頼切　同中村知常
十四等出仕桑島忠孝　同小柴定永　十五等出仕岡村義氏　馬部山田未行
飼方以下小役一九人（一人二疊程の見込）
騎兵二一人（一人二疊程の見込）　外一人先着
女官（一人四疊の見込）
浜萩典侍　新樹典侍　夕顔掌侍　楊梅掌侍　白藤掌侍
女官（一人三疊程の見込）
梶命婦　芦命婦　楸命婦　菫命婦
女嬬（一人二疊程の見込）
雑仕多登　同阿屋波　同万寿　同嘉代　同春風　針女八人　下女二人
女官随従仕人（一人二疊程の見込）
伊地知光保　川崎孝頭
女官随従直丁
岡保雄　牧長冨　江政均　今泉莫之　加藤兼通　古谷和時

両宮は着輦後、元素楼の「門上楼」に着座、養蚕はすでにおわっていたため、「生繭、簇、蚕蛾」を展覧、鯨井は尋問の数々を奉答した。「生繭、簇、蚕蛾」とは、製種の様子である。ついで楼上より田植を眺望、さらに還御の際に両宮は車を寄せられ、田植を展覧。田主は鯨井勘衛、前田求、並木惣三郎、鯨井信吉の四人、早乙女数名が奉仕した。

当日の両宮旅宿先である熊谷から、鯨井に金三円、早乙女に金一〇〇〇疋の下賜が伝えられ、鯨井は自邸の厠新造費を冥加とし、自費によることの願書を差し出した。

七月十三日、熊谷県より玉井村に対し「村方格別の尽力を以て、道路取り広げ方行き届き候段奇特の事に候」として、金二五両が支給され、ほかに「鯨井勘衛宅小休仮建物并ニ新道敷莚そのほか入用」として、金一三六円あまりが同村戸長鯨井勘一郎ほかに支払われている。

渋沢栄一と元素楼行啓

富岡製糸場への両宮行啓が殖産興業の垂範にあったことは指摘するまでもないが、同場行啓の契機は、明治六年一月、明治天皇による富岡製糸場製の生糸天覧、同生糸製織による女帯地の皇后尊覧にあった、とされる（『富岡製糸場誌』上）。それでは両宮の元素楼行啓は、どのような契機によるのであろうか。

明治六年五月十四日、渋沢にみずから所望していた「依願免出仕」の辞令が下された。渋沢の辞職には、大蔵大輔井上《いのうえ》馨《かおる》と司法卿江《え》藤新平《とうしんぺい》との確執が深くかかわる。大蔵卿大久保《おおくぼ》利通《としみち》が岩倉具《いわくらとも》視《み》遣欧使節団に随行して留守のあいだ、筆頭参議となった西郷隆盛が親友の大久保にかわり大蔵省ご用掛（事務監督）となり、省務を指揮することになった。しかし、西郷は陸軍や旧鹿児島藩主などにかかわる政治的処理に多忙だったため省務に与ることは少なく、大蔵省の実権を掌握していたのは長州藩出身の大蔵大輔井上馨であり、大蔵少輔にすすんだ渋沢栄一が補佐する立場にあった。

予算編成権をもつ大蔵省と各省との対立は明治五年二月、同年十一月、翌六年一月と、繰り返し引き起こされた。ことに尾《お》去沢《さりざわ》銅山事件で銅山権を強引に奪取した疑いのある井上の大蔵省に対し、司法の立場からする江藤の追及は急で、両省間の対立は次第に激しさを増した。

明治六年一月、大蔵省が強行した司法省予算の削減は、これに抗議する江藤の正院辞表提出、司法省官員の司法卿擁護意見書の一斉提出、正院による歳入額再調査と大蔵省見積額の過少判明、江藤辞表の却下と続き、ここに大蔵省の予算編成権は失墜した。

同年四月、江藤が参議となり正院に入る。直後の五月二日、太政官職制が改正され、太政官正院の権限を大幅に強化、大蔵省の予算編成権も正院がもつことになった。この太政官の職制改正は、司法卿江藤が立案の中心と目されている（毛利敏彦『明治維新政治外交史研究』）。

翌三日、予算編成権の剥奪に抗議するため、井上は大蔵省に渋沢以下の職員を集め辞意を表明、渋沢も辞職を申し立てた。前年末の省間対立でも井上が辞意を洩らして出庁しなくなった時期に、渋沢も辞意を洩らしたことがあった。そのときには太政大臣三条実美《さんじょうさねとみ》のたび重なる慰留工作もあり翻意した。しかし、今度は大蔵少輔として予算編成権喪失の責任を感じたのであろう、渋沢は井上に翻意をすすめられたが辞職の決意はすでに固まっており、五月四日、辞表を提出したのである。

明治六年の宮中養蚕も例年通り三月に着手、養蚕教師は前年に引き続き島村の田島弥平が務める。養蚕奉仕者は七人、弥平は全国大物代会議との掛けもちで多忙であった。四月二十六、二十七の両日に蚕児が発生、その後は五月四日まで好天が続き、宮中養蚕は順調であった。しかし、蚕児が第一眠につくころとなった翌五日の早朝、皇居に火の手があがり、西ノ丸が炎上、西北西の烈風に煽られ、蚕室にあてていた吹上御苑《ふきあげぎょえん》も焼失し、養蚕は途中で放棄せざるを得なくなった。

皇居炎上の当日、前日に辞表を提出した渋沢はさきに辞意を洩らした井上馨にあてて、「今朝宮中の火ハ実に恐懼《きょうく》の涯《きわみ》、ご同愕《どうがく》のいたりニご座候」（『渋沢栄一伝記資料』第三巻）と、書き送った。この皇居炎上、吹上御苑の焼失による宮中養蚕の放棄が、元素楼行啓の契機になった、と考える。

すなわち、すでに決まっていた富岡製糸場行啓の道筋に、宮中の養蚕教師である田島弥平の知友で、弥平の清涼育を実践する鯨井の大蚕室元素楼が所在するとき、中途で放棄された宮中養蚕にかえ、両宮の民間養蚕への行啓が実現できれば、富岡製糸場行啓の製糸に加えて、養蚕においても殖産興業の垂範《すいはん》となることは明らかである。養蚕の最盛業な熊谷県、県内民間養蚕の屈指たる元素楼への両宮行啓を発想し、宮中に推輓《すいばん》できる人物こそ、明治三年閏十月ころ田島武平を養蚕教師に推挙して宮中養蚕を成功に導き、同郷で同志の尾高惇忠を奔走させて明治五年十月、官営模範工場の富岡製糸場を開業にいたらせ、かつ養蚕奨励を包摂する蚕種大物代制の成立を主導して、大物代鯨井の養蚕巧者ぶりを知悉《ちしつ》するにいたった渋沢栄一をおいてほかにはいない。

元素楼行啓が渋沢の大蔵省辞職後、蚕種大物代制の主導を離れたのちの実現であったとはいえ、行啓実現の中心に渋沢がいたことを否定する見解は、見出すほうがむしろ難しい。

鯨井勘衛の辞職

さて、鯨井は両宮の元素楼行啓後も大物代の用務などで多忙であった。しかし、明治六年九月八日づけで、「大惣代辞職願」をしたため、熊谷県を通じて大蔵省に差し出している。辞職願には辞意の理由が、「病痛」とある。鯨井の辞職願に対し大蔵省からは、租税権頭松方正義が後事は田島弥平、同武平、大惣代副などに託し、療養に専念するよう指示を伝えた。

明治六年十二月二十九日、熊谷県より鯨井に対し「依願蚕種大惣代差し免し候こと」の辞令が下された。こえて明治七年六月二十七日、鯨井勘衛が逝去した。元素楼行啓から一か年後のことである。

昭和十一年（一九三六）六月、元素楼跡に「行啓記念碑」が建碑された。発起者は勘衛の遺族、碑銘は伯爵清浦奎吾《きようらけいご》の書になる。

同年十月、渋沢栄一の生家の傍らに「青淵《せいえん》由来之跡」が建碑された（『渋沢栄一伝記資料』別巻第一〇では建碑年を昭和十二年としているが、存立の建碑には「昭和十一年十月」とある）。「青淵由来之跡」建立の機縁は、「皇太子明仁親王殿下ご降誕記念」とある。発起者は八基《やつもと》村青年団血洗島支部など、碑銘はやはり伯爵清浦奎吾の書になり、これは日本青年協議会総裁清浦奎吾と渋沢との縁によるという。清浦は大正十三年に内閣総理大臣を拝命するが、能書家でも知られる。同じ昭和十一年にかつて蚕糸業でつながりのあったふたりの碑銘を清浦がしたためたわけは、能書家の縁によるものであろうか、それとも偶然であろうか。

大久保利通の内務省

明治六年十月の政変により政府首脳が分裂して、有司専制《ゆうしせんせい》および士族反乱、自由民権運動などの出発点となった歴史事実はよく知られている。従来の通説では、政変の原因は参議西郷隆盛の征韓論にあるとしてきた。

しかし、近年それら先行の諸研究を批判して、西郷に征韓の意志などはまったくなく、西郷はむしろ日朝親善をめざしたのであり、政変の原因は参議江藤新平と長州閥との権力抗争に求めるべきで、長州の伊藤博文が画策した江藤の追い落とし策を、参議大久保利通が断行したところから発生した政府分裂であるとして、これを明治六年政変の真因とする説が提起されている（『明治六年政変の研究』）。

この説によれば明治六年五月の大蔵大輔井上馨の辞職は、司法卿江藤対長州閥による権力抗争のいわば前哨戦に位置づけられるわけで、井上馨を補佐する立場にあった大蔵少輔渋沢の辞職は、抗争に巻き込まれた結果ということになる。大蔵省を去った渋沢は、翌六月、第一国立銀行の頭取に就任した。以降、渋沢は同行を基盤にして日本実業界の指導者に急成長して行くことになる。そして、その後の蚕種輸出規制についても渋沢の助力ぶりを見受けることができるが、それはあくまでも民間からの支援であって、規制策を主導できる立場にないことはいうまでもない。

明治六年の政変により実権を掌握した大久保利通は、独裁的な官僚政治を断行する。これが世にいわれる有司専制である。政変後の十一月、大久保は内務省を成立させ、初代内務卿に就任した。翌七年一月、大久保は内務省官制を定め、内務省の主要業務を大蔵省から移した殖産興業と、政敵江藤が依拠した司法省からの警察行政権とした。内務省が担当する殖産興業は蚕糸業、砂糖業などいわゆる軽工業と牧畜業、農業などが中心で、警察行政は士族反乱、自由民権運動を含めあらゆる反体制運動の弾圧を本務とした（石塚裕道『日本資本主義成立史研究』）。

内務省の蚕種規制

明治六年十一月の内務省創設により、蚕種大惣代制は同省の所管となる。同年四月に制定の蚕種取締規則では、翌年の蚕種製造凡積数は六年八月限り、大惣代・世話役調印の上府県に差し出し、府県は凡積数の総計を同じく九月限り、大蔵省に差し出す、としていた。創設されたばかりの内務省が掌握した明治七年分の全国蚕種凡積数は、「巨多の贏余《えいよ》」であった。

明治七年二月、内務省は府県に対し、明治五年と六年の「春蚕種現在製造高」を大至急取り調べ差し出すよう指令した。大至急のわけは、つぎの明治七年三月府県あて内務省達で明らかとなる（『法令全書』明治七年）。

本年春蚕種製造凡積申し立て候分、各府県とも度外の巨額に相成り候につき、右を以て製種いたし候テハ巨多の贏余を生じ、竟《つい》に養蚕人ども一般破産のもととも相成るべく候あいだ、減額の上、製造候よう懇篤説諭いたすべし、ついては原紙売り下げの儀ハ、去る明治五年および同六年製種高平均を以て準拠とし、売りさばき候筈に候条、各管下製種人一人別さらに詳細取り調べの上、管轄限り総額を以て最寄蚕種原紙売捌所へ申し立て、買い受け候よう取り計らうべし、尤も取り調べ方など委細の儀は勧業寮より逐次相達すべく候、この旨相達し候こと

明治七年二月に改正された蚕種原紙規則では、原紙の販売期限は四月一日から五月三十一日である。原紙販売権を握る内務省では、各府県の巨多な生産凡積数を明治五年と六年の平均数に減額させる方針を立てたとみられ

る。大至急の取り調べ差し出しをせまったのは、原紙販売期限前に、減額数の基準となる明治五年・六年の春蚕種生産高を知る必要があったからと考えられる。

しかし、内務省が蚕種家への減額説諭役に指定したのは内務省達にあるように、府県官吏であって、大物代ではなかった。大物代制では府県と蚕種家とのあいだにあって、生産調整などの任にあたるのは大物代である。内務省の大物代制へのかかわりは、大蔵省時代とは明らかにことなる。

さらに明治七年六月、蚕種の出荷時期になると、内務省は府県に達し「内外流融便利ノため国内用並びに海外輸出トモさらニ一様ノ印紙下げ渡し候」として、従前の国内用・国外用に区別する蚕種規制を撤廃した。これも、大物代から対蚕種家の調整力を奪う措置である。すなわち、内務省は国用充備など大物代制の機能を不全としたのである。

そのため、蚕種が出廻りはじめる六月からは、輸出用の蚕種がどっと横浜港に集中、価格が暴落し、滞貨の山となり、貿易の混乱が湧出する結果となった。

内務省が大物代制の機能を稼働させず、蚕種輸出規制を緩和したのは、大物代という半官半民的な組織による直接的な蚕種取引規制が条約に違反し、撤廃せよという欧米資本主義諸国の強い外交圧力と、圧力に配慮せざるを得ない外務省の主張を受け入れた措置であった。

秘密の蚕種家会議

こうした欧米諸国および外務省の手前、大物代制を稼働させ、表立った規制が執れない内務省ではあったが、貿易の混乱を目のあたりにして、明治七年七月に入り「各地大物代召集の積ニご座候」（渋沢青淵記念財団竜門社『渋沢栄一伝記資料』第一四巻）と、勧業頭河瀬秀治が中心となって大物代会議の開催に動き出した。河瀬秀治は前熊谷県令である。この大物代会議に向けての動きは後世の諸書をして、「開催ニいたラザリシガゴトシ」とか

（『渋沢栄一伝記資料』第一四巻）、あるいは開催は「七月下旬であったらしい」（『横浜市史』第三巻 上）などと、会議の開催を疑わせたり、開催時期を迷わせたりするほどであったから、極秘のうちにすすめられたのである。

大物代会議は明治七年七月二十八日から八月七日にかけて、大蔵省に隣接する内務省の勧業寮で開催された（田島健一家複写文書「（明治七年）上京要誌」）。会同の大物代は三二府県、副を含め三五人が確認される。会議の議長役はやはり熊谷県大惣代田島弥平である。出席の熊谷県大物代は栗原勘三、副は茂木小平であるから、熊谷県大物代の弥平は別格であったと思われる。なお、会議には横浜港の蚕種売込問屋など蚕種商が多数参画していた。会議の結果は従前の大物代申合規則を増補するかたちで、二一か条にまとめられた。要点はつぎの二点である。

① 蚕種家の製造にかかる蚕種の四割は大惣代が受け取り、明年の国用充備とし、明治八年一月まで売買を禁止して、それまでは府県庁に預けおく

② 残りの六割は明治七年九月十五日以降に東京・横浜・大阪・神戸に出荷させ、大惣代の代表が八年一月までこれらの地に出張し、輸出用を検査したのちに売買を許す

出張の分担は東京・横浜が並木勘三郎（東京府）、川島楳坪（埼玉県）、中村東記（宮城県）、山口八兵衛（足柄《あしがら》県）の四人で詰め合い、いっぽうの大阪・神戸は森本盛親（京都府）と、小林玄海（大阪府）・佐貝義胤（堺県）・清水九平（滋賀県）の三人のうちひとりずつ交替で、合わせてふたりが詰め合うよう取り決めた。

しかし、議長役の弥平は明治七年九月六日に、同年八月十七日づけの勧業頭河瀬秀治から豊岡県参事田中光義あて書翰を写し取り、「計らずして、右集会の模様など承込候由にて、各国公使より大に紛議を生じ候あいだ、外務卿へ内務卿より種々ご論説相成りそうらえども、ご拠なき場合もこれあり候につき、右規則増補などの議は聞き届けがたき旨指令におよび候次第」と、秘密の大物代会議で申し合わせた事項が、ただちに不調におわったことを知る。内務省が秘かにすすめたにもかかわらず、大物代会議の模様や申し合わせなどは各国外交官に筒抜

けだったのであり、もちろん、大惣代会議の申し合わせ事項は実施されることなくおわったのである。

「蚕種製造組合条例」の成立

弥平はまた明治七年九月一日、横浜の京屋芳兵衛方で、同年の販売原紙が、深谷・上田・福島の三原紙売捌所合計で、二五七万七二三三枚にもなることも写し取った。原紙数がそのまま生産に廻されるとすれば、七年の全国蚕種数は前年の二倍に相当する。蚕種規制の緩和後に横浜港に出現した滞貨の山は、大惣代制がまったく機能しなかったことの明証となろう。

明治七年十月七日、第一国立銀行と大惣代、横浜売込商人などの協議により、蚕種紙買入所を設立、十月九日から十一月二十日までに四四万八〇〇〇枚あまりの蚕種を買いあげ、優良紙五〇〇〇枚あまりを残して、ほかは開運橋脇などで全部焼却処分とした。焼却は一一回にわたり、滞貨の山は消滅した。焼却処分などの費用は政府の出資によったが、当面は第一国立銀行が肩代りした。同行の頭取が渋沢栄一である。大蔵省の退官後渋沢は実業人として、蚕種業を支援したのである。

明治七年の蚕種輸出枚数は結局一三三万枚と、前六年ピーク時一四一万枚に比べ若干の減少に過ぎない。焼却処分後に外国商人などの買い入れがすすんだ結果である。これは焼却処分の効果とみられるが、販売額は前年の三〇六万円から七三万円と実に四倍強も減少した。もともと日本蚕種の急伸は欧州各国が蚕病流行のためその代替品を求めたことにあったが、すでに明治五年二月、ウォシュ＝ホール商会の報告書は欧州各国の養蚕回復を指摘し、日本蚕種の需要減退を予測していた。

また、明治六年二月、欧州蚕業視察員の渋沢喜作は、「養蚕の儀ハ本地の儀とお国と比較し候ハバ、幾倍できる数などは相増り候か、未だ発輝とは計算も相立てかねそうらえども、大略五、六倍位はこれあるべきと存じ候」と、福田彦四郎に対し、欧州養蚕の盛況ぶりを書き送っていた。欧州の蚕病克服は必然的に日本蚕種の需要減退に結果する。貿易混乱はこうした外需の減退が主因であった。

したがって、明治七年の輸出量減少は一過性のできごとではなく、最終的には、明治十一年三月、蚕種にかかわる輸出規制の廃絶にまでつながるのである。

明治七年十一月、横浜港で蚕種の焼却処分が段階的に行われているころ、蚕種買入所の業務などで同港に集結していた横浜売込商人や大惣代などが協議し、欧米諸国の外交圧力を回避するため、従前の大惣代などによる直接的な輸出蚕種規制ではなく、蚕種家に組合を設けさせ、組合活動による自主的な蚕種規制を採用するよう「蚕種製造の儀につき願書」（『渋沢栄一伝記資料』第一四巻）を立案、内務省に要望した。

翌八年二月、太政官は「蚕種製造組合条例」および「蚕種製造組合会議局規則」を布告、蚕種取締規則は廃止した（『法令全書』明治八年）。これらの規則では、主な製造組合の頭取と蚕種商人からなる組合会議局をいわば中央本部とし、全国四九府県一九七組合、蚕種家合わせて四万七四〇人あまりの陣容を地方支部とする組織を立ちあげることとし、蚕種製造組合は八年四月から自主的な蚕種規制をはじめた。蚕種製造組合会議局の幹事長役を務めたのは、やはり田島弥平である。

大惣代制の終焉

明治八年三月四日、内務省は「各地方蚕種大惣代の儀廃されそうらえども、追テ何分の儀相達し候までは、蚕種事務取り扱かわせ候ようにいたすべし」（『法令全書』明治八年）と府県に達し、蚕種大惣代制を廃止した。

それ以前、明治七年三月、内務省は明治六年分の上品優等蚕種をつぎのように公表するとともに、褒賞を下賜した（大蔵省「廃版類聚」）。

上品一等　福島県伊達郡伏黒村　八城彦惣
〃　秋田県秋田郡秋田町　高宮敬太郎

〃　新川県婦負《ねい》郡八尾町　翠田太平
上品二等　滋賀県浅井郡稲葉村　上田小兵衛
〃　熊谷県佐位郡島村　田島弥平
〃　宮城県伊具郡小斎村　戸村直吉
上品三等　筑摩県筑摩郡浅間村　滝沢久蔵
〃　山形県村山郡古舘村　城戸口丈蔵
〃　堺県南郡西大路村　塚本太次郎

ついで明治八年二月、内務省は東京府ほか二八府県に達し、「明治七年製造の蚕種管下限り優等三位」を「別紙」のとおりとし、功牌は「管下掲示の場所場所へ掲出いたすべし」としたが、『法令全書』では「別紙」を省略している（『法令全書』明治八年）。「廃版類聚」には、「別紙」の上品優等三位がつぎのようにある。

上品一等　磐前県田村郡三城目村　渡辺忠一郎
〃　福島県伊達郡梁川村　横山清次郎
〃　滋賀県浅井郡大井村　丹部庄平
上品二等　秋田県秋田郡川尻村　工藤久之助
〃　山形県村山郡溝延村　玄地久兵衛
〃　筑摩県筑摩郡浅間村　幸田常蔵
上品三等　長野県小県郡上田鎌原村　沓掛清次郎
〃　宮城県伊具郡小斎村　戸村荘吉
〃　熊谷県児玉郡仁手村　茂木音五郎

上品優等の三位は、前年十一月ごろに各府県で行われる一国限り優等蚕種鑑定を受けてから大蔵省、のちに内務省が選定し、公表する。一国限り優等蚕種鑑定は養蚕奨励に直結する大物代の業務であった。したがって明治七年十一月ごろ東京府ほか二八府県下で実施された養蚕奨励のための一国限り優等蚕種鑑定が、各大物代による最後の業務に位置づけられよう。明治八年八月、太政官は「明治三年八月布告蚕種褒賞規則、自今廃止候」と布告、蚕種褒賞規則を廃止した（『法令全書』明治八年）。蚕種大物代制の終焉である。

蚕種印紙税の結末

蚕種大物代制のもと、および蚕種製造組合条例のもとで、全国的な蚕種印紙税の収入額が、つぎのように判明する。

①	明治四年十月～明治五年十二月	蚕種印紙税	一〇万三二七九円三二銭六厘
②	明治六年一月～明治六年十二月	蚕種印紙税	三二万五四四〇円一銭七厘
③	明治七年一月～明治七年十二月	蚕種印紙税	二二三万四六九九円六五銭
	明治八年一月～明治八年六月	蚕種印紙税	一三万六二二七円三二銭四厘

【合算額　三七万九二六円九七銭四厘】

明治五年は大物代制の成立年であり、印紙一枚につき五銭である。六年は大物代制の確立年で、印紙は一枚につき一〇銭に増税した。七年は大物代制最終年で、税収は七年分と翌八年の蚕種印紙税減税前の分を加えた合算額三七万九二六円あまりが相当する。

大物代制確立年の六年蚕種印紙税が同年の国税収入に占める割合は、〇・五％に過ぎない。この低率さは蚕種印紙税が、税収よりも粗悪品取り締まりのための検査手数料的な色合いが強いこと、すなわち蚕種の輸出規制が重点であったことを伝える。

蚕種製造組合条例下の蚕種印紙税は、明治八年六月に、印紙を蚕種全紙一枚につき六銭、分裁紙一枚につき一銭五厘と減税し、減税は蚕種印紙税が廃絶される明治十一年五月まで継続実施した。減税は蚕種輸出の減退に対処する措置と考えられるが、減税後の蚕種印紙税収入はつぎのように推移している。税収が低減したため、検査手数料的な色合いはますます増大することになる。

④ 明治八年七月〜明治九年六月　　蚕種印紙税　　一一万二四四円五四銭

⑤ 明治九年七月〜明治十年六月　　蚕種印紙税　　一二万一二二三円九四銭五厘

⑥ 明治十年七月〜明治十一年六月　　蚕種印紙税　　一七万六八三四円三九銭

明治十年、横浜では明治七年につぎ再び大量処分を実施しなければならないほど蚕種の滞貨が問題化した。もはや、蚕種輸出を規制する意義は風前の灯となった。

なお、蚕種印紙の様式は、明治五年の実施いらい、内国用・外国用とも毎年変更しており、十一年五月に蚕種印紙税が廃止されるまで続いた。

5

島村式蚕室の伝播

明治六年の養蚕伝習

田島弥平の桑拓園《そうたくえん》では、明治六年の養蚕は四月二十四日から着手し、結局、六一日間かけ、六月二十三日に上《じよう》簇《ぞく》となり、この年の養蚕をおえた。『続養蚕新論』に載せる「養蚕日誌」の（傭夫員《ようふいん》）欄には、つぎに示すように、日ごとに養蚕従事者の族称や性別などがある。この従事者には、田島家の家内《かない》六人（男二人　女四人）、および僕婢《ぼくひ》一六人（男九人　女七人）は含めていない。

（日誌）		（傭夫員）
四月	二十四日	山口県士族六人（…筆者註）
	二十五日	静岡県士族一名増
	二十六日	男一名増　女一名増
五月	二日	男一名増　女一名増
	三日	男三名増
	四日	山口県士族二名増　ほかニ女一名増
	五日	三瀦《みずま》県士族一名増　石川県士族一名増

二十七日	男九名増
二十八日	男一名増
二十九日	男一名増
九日	女二名増
十日	東京府人一名増　男四名増
十一日	女一名増
十二日	女一名増

十三日　男一名増　女二名増
十五日　白川《しらかわ》県士族二名増
十七日　男一名増
二十一日　男三名・女二名減ス
二十二日　男一名減ス
二十六日　男一名増　女一名増
二十八日　男一名増　女二名増
三十日　男二名増　男一名減
三十一日　男一名増

六月　二日　女二名増
四日　女一名増
六日　女四名増
七日　男四名増　女四名増
八日　男四名増
十二日　女三名減ス
十四日　男一名・女二名減ス
十七日　山口県士族二名・白川県士族一名・女二名減ス
十八日　男二名・女二名減ス
十九日　山口県士族三名減ス
二十二日　山口県士族三名減ス
二十三日　山口県士族二名増　白川県士族一名減ス

山口・静岡・三潴・石川・白川各県の士族は合わせて一五人、そのほかは男三五人、女二二人、東京人一人、この合計五八人の大部分は農民であろう。養蚕では三眠起き後および四眠起き後の蚕は食欲が旺盛で、この間は連続的な給桑《きゅうそう》のために大量の労働力を必要とする。桑拓園の養蚕日誌でも、後半になるほど養蚕従事者が多くなり、終局に近づくほど養蚕労働が集中するという特色を確認できる。しかし、桑拓園で春蚕《はるご》に従事するこれら士族や農民の多くは、単なる養蚕労働者ではなかった。

山口県のふたつの伝習

田島弥平の桑拓園で、明治六年の養蚕に従事した士族一五人のうち、山口県の士族は一〇人と最多数を占める。

そのうちのひとりの氏名が判明する。中原正夫がその人で、中原は明治六年四月に、山口県が田島弥平のもとに「養蚕伝習生」として派遣し、養蚕伝習生となる際には、富岡製糸場長の尾高惇忠《おだかあつただ》が身元引受人となっている（田島健一家複写文書「証（養蚕業修業として）」）。この中原の場合に明らかなように、桑拓園で養蚕に従事する士族や農民の多くは、実際の飼育にたずさわりながら、飼育法・栽桑法、製種法などを学ぶ養蚕伝習生だったことが判然となろう。弥平の桑拓園は、実質的に養蚕伝習所の機能を果たした。

いっぽう、山口県では養蚕伝習生の派遣と同時期に、四〇人以上もの士族子女を開業間もない富岡製糸場に派遣している（和田英『富岡日記』）。士族子女は「製糸伝習生」としての派遣であり、富岡製糸場がもつ製糸伝習所的な機能を利用し、県内に近代的な製糸法を広める企図の製糸奨励であった。

山口県が一〇人もの養蚕伝習生を桑拓園に、四〇人以上もの製糸伝習生を富岡製糸場に、同時期に派遣したわけは、蚕糸業の未発達な状況において養蚕と製糸の一体的な奨励という山口県の殖産興業に求められるであろう。いうまでもなく、養蚕で得られる大量の繭を源泉として生糸の大量生産が成り立つわけで、どちらかいっぽうが欠けても、蚕糸業奨励という殖産興業は望めないからである。

山口県による養蚕と製糸伝習生の群馬県派遣が実現したころ、大蔵省には富岡製糸場の創設および蚕種大惣代制の成立を主導した大蔵少輔の渋沢栄一がおり、そのもとで尾高惇忠が富岡製糸場長を務め、尾高がよく知る蚕種家の田島弥平は群馬県の蚕種大惣代であった。この時期に大蔵省の実権を掌握していたのは、長州（山口県）出身の井上馨大蔵大輔である。当然、山口県による養蚕・製糸伝習生の群馬県派遣には、井上の関与があったと思われる。しかし、蚕糸業に明るくはない大蔵大輔井上の関与は、大蔵少輔渋沢の推奨があってのことであろう。なぜなら、山口県士族中原が渋沢の蚕業人脈につらなる弥平の養蚕伝習生となる際に、やはり渋沢人脈のひとりである富岡製糸場長尾高が身元引受人となった事実は、渋沢の井上に対する推奨を暗示させるからである。

養蚕教師の誕生

ところで、山口県による蚕糸業奨励のための養蚕と製糸の一体的な殖産興業という観点は、実は殖産興業の雄たる富岡製糸場の創設にも充分あてはまるのである。

富岡製糸場は近代的な器械製糸工場である。もちろん、生糸の大量生産が可能だ。だがいっぽうで、大量な原料繭の持続的確保を必然化させる。持続的に原料を確保するためには養蚕農民や桑畑など養蚕基盤の拡大をうながす養蚕奨励が不可欠であった。新政府は養蚕奨励として、最初は一国限り優等蚕種鑑定、ついで養蚕検査表の採用、さらには優良原種の国用充備などを実施したが、これらが基盤拡大におよぼす効果は時間がかかり間接的でしかなく、大きな効果が期待される施策は、養蚕法や栽桑などの養蚕技術を直接的に農民などに教諭する養蚕奨励であった。しかし、養蚕技術の直接的な教諭には技術、知識を有する専門家を必要とする。

明治維新のころ、全国各地に散在する養蚕場には養蚕技術に長けた蚕種家が多数いた。だから、明治五年二月からはじまる蚕種大惣代制では、これら養蚕巧者の蚕種家を代表として大惣代あるいは世話役に任じ、未熟な養蚕農民などに養蚕方法を教諭したり、河川流域などの桑畑開発を教諭したりする、養蚕教師の役割を付与したのである。ここには、養蚕教師を介し養蚕を奨励する企図がみとめられる。

群馬県大惣代である田島弥平の桑拓園は、抜気窓蚕室を教場とする実質的な養蚕伝習所であり、教諭する立場の弥平は養蚕教師である。桑拓園の養蚕伝習は、大惣代・世話役たちに付与された養蚕教師の役割を具現するものであったといえよう。

元素楼主の鯨《くじら》井《い》勘衛《かんえ》は明治五年五月二十六日の用務日誌に、「北条《ほうじょう》県山下吉蔵と申す仁、養蚕の儀につき来る、但し作州津山なり」、と記した。一年後の六年五月四日には、「北条県貫属山下吉蔵ヨリ、依札《いさつ》にて養蚕伝習入塾、午時来る」、とも記した。北条県士族山下吉蔵が、元素楼に入塾して養蚕伝習を受けたいと依頼してきたのである。北条県の記述はこれいがいないが、元素楼を養蚕伝習所とみなせる一例で、伝習が実現すれば教示する立場の元素楼主は養蚕教師ということになる。

さらに、鯨井が大惣代会同をうながすため村岡副とともにしきりに渋沢邸の訪問を繰り返していたころの明治五年九月二十八日、足羽《あすわ》県士族ふたりが鯨井の止宿先を訪ねてきた。鯨井が留守であったため、「養蚕教師雇い頼み候なり」という用件を残して去った。翌二十九日、両人が再来、面談している。足羽県士族についても鯨井はこれいがい詳細を記すことはなかったが、おそらく同県は養蚕奨励のために養蚕教師の派遣を乞うたのであろう。これは、明治五年という早い時期に養蚕方法を教える立場の者をさして、「養蚕教師」と呼ぶことがすでに行われていた好例である。

このように、群馬県大惣代で桑拓園主の田島弥平や、入間県大惣代で元素楼主の鯨井勘衛に養蚕伝習を依頼した北条県の事例、養蚕伝習のため同じく鯨井に養蚕教師の派遣を依頼した足羽県の事例からは、明治維新のころすでに、大惣代・世話役に選ばれた養蚕巧者の蚕種家がその技量を乞われたり、実際に養蚕伝習を行ったりするようになり、教諭にあたる者をさして、養蚕教師なる呼称の発生したことが明らかとなる。

すなわち、養蚕教師の誕生である。明治維新政府の養蚕教師を介する養蚕奨励は、直截《ちよくせつ》的に養蚕農民を増大させ、桑畑を増大させ、原料基盤の拡大に結果する。養蚕教師の誕生は、明治五年六月に成立する蚕種大惣代制のひとつの帰結であったことは疑いない、と考える。

そして、蚕種大惣代制の前身は明治三年七月、民部省・大蔵省の蚕種製造規則が定める蚕種世話役制であったから、養蚕教師誕生の淵源もこの世話役制であり、租税正兼改正掛長の渋沢栄一が蚕種製造規則の調査立案に着手するのが、三年五月であった。渋沢は三年二月、養蚕方法書により生糸の近代的な生産の導入を公にし、同年五月には富岡製糸場主任となり、同場の創設を主導する立場についた。

したがって、富岡製糸場の創設と、原料基盤の拡大のため養蚕教師を介し養蚕奨励の企図を盛り込む蚕種製造規則とは、渋沢による一体不可離の殖産興業に位置づけられよう。やがて訪れる近代的器械製糸工業の大量生産に備え、養蚕巧者である蚕種家に養蚕教師の役割を付与し、伝習や開墾などをとおして養蚕農民や桑畑の増大をはかり、原料基盤の拡大に貢献させる構想を殖産興業に据えた人物こそ、渋沢栄一だったのである。すなわち、富岡製糸場の生みの親が渋沢なら、養蚕教師の生みの親も渋沢ということになる。

明治八年八月に蚕種大惣代制が廃止されたあとも、養蚕教諭にあたる者をさして養蚕教師と呼ぶことが定着する。そして、田島弥平の唱える清涼育《せいりょういく》、その帰結的構造の島村式蚕室《しまむらしきさんしつ》はつぎに明らかにするように、弥平ら養蚕教師を原動力として全国各地に伝えられて行く。

結城蚕種本場の故地

栃木県小山《おやま》市にはふたつの大河がある。ひとつは市域の東を流れくだる鬼怒川《きぬがわ》、いまひとつは市域の西側を流れる思川《おもいがわ》である。小山市域は江戸時代には下野国都賀《つが》郡に属し、同市南方の結城《ゆうき》市域は主に下総国結城郡に属した。江戸時代、結城郡は蚕種本場の中心地であり、小山市域の鬼怒・思両河川一帯もこの結城本場に包摂される蚕種本場の故地であった。

元禄期、京都西陣《にしじん》の「上《のぼ》せ糸《いと》」需要の増大をきっかけに関東地方の養蚕が盛大におもむき、養蚕源である蚕種の供給地として、奥州、信州、結城本場などの盛業地が形成された。元禄三年（一六九〇）十一月、「にせ種」という結城本場種とはことなる蚕種が出廻り本場種の販売が阻害されたことから、この対策のため結城本場の蚕種家と上州の蚕種商人が武州八王子《はちおうじ》に会同し、八王子蚕種問屋とのあいだで「にせ種」取り扱いの自粛を申し合せた。これを八王子会議と通称するが、会議後に結ばれた「証文の事」に載る申合人の規模は、結城本場の隆盛ぶりを伝えることでよく知られている（群馬県蚕糸業史編纂委員会『群馬県蚕糸業史』下巻）。

表10　結城本場都賀郡の地域

	村　名	申　合　人	人数
鬼怒川筋	延島新田	善右衛門　茂兵衛　甚三郎　市長右衛門	4
	船戸村	吉兵衛　多左衛門　権兵衛　角兵衛　仁右衛門　三郎右衛門	6
	(高の山村)	五左衛門　五郎兵衛　市左衛門　権兵衛　伝兵衛　玄番　理兵衛　多郎兵衛　太郎右衛門　六太夫　杢左衛門　伝左衛門	12
	篠原村	次右衛門　彦右衛門　四兵衛　彦左衛門	4
	福良村	五兵衛　八郎兵衛　将監　彦右衛門	4
	高椅村	与右衛門　新右衛門　久兵衛　久三郎　市郎兵衛　金左衛門	6
	簗村	半左衛門　弥兵衛　文左衛門　五郎兵衛　市郎兵衛　伊左衛門　次郎兵衛　杢兵衛　兵右衛門　勘右衛門　吉兵衛　吉左衛門　瀬兵衛　半兵衛　八左衛門五郎右衛門　善太郎　次郎兵衛　次左衛門　市兵衛　与兵衛	21
	中島村	伊左衛門　清左衛門　与右衛門　長兵衛	4
	(新川村)	八郎兵衛　小左衛門　金兵衛	3
	中河原村	喜兵衛　伝右衛門　与左衛門　源右衛門　伝左衛門　茂兵衛　勘兵衛　作左衛門　四五右衛門　十右衛門　仁蔵　源兵衛　平兵衛　久右衛門　平左衛門　磯右衛門　小左衛門　八郎右衛門	18
思川筋	犬塚村	彦右衛門	1
	萩島村	清兵衛	1
	間中村	勘助　庄左衛門　清左衛門　惣左衛門　弥兵衛　兵左衛門　長兵衛　三郎兵衛　吉右衛門	9
	塩沢村	八兵衛	1
	荒川村	忠左衛門	1

総勢二七九人のうち「結城領」に属すのは二六八人と圧倒的である。蚕種商人の大部分は蚕種家でもある。したがって蚕種家が多く散在する結城領の範囲が結城本場と考えられる。結城本場の範囲にある国郡とその村数・人数を鬼怒川の上流部から下方部にみると、下野国芳賀《はが》郡が五か村・一三人、下野国河内《こうち》郡一一か村・六五人、下野国都賀郡一五か村・九五人、常陸国真壁《まかべ》郡六か村・一一人、下総国結城郡一四か村・八四人となる。村数・人数とも都賀郡が第一位で、結城本場の主要な位置にあったことが判然となる。表10に都賀郡に属す諸村と申合人を示すが、大部分は鬼怒川筋に散在する。（　）内は都賀郡に推定の意。

しかし、寛保二年（一七四二）に発生した鬼怒川の大洪水のため、河原の広大な桑畑が流失し、結城種の生産が途絶えたのを契機に結城本場は急速にその地位を低下させてしまう。かわって奥州本場が出現、結城本場の蚕種家は主に奥州への切り出し種生産に従事するようになり、都賀郡にも大きな蚕種生産はみられなくなり、本場の地位を喪失してしまった。これが小山市域の鬼怒・思両河川沿い一帯が蚕種本場故地となった所以である。

日光県の殖産興業

明治維新では、新政府は慶応四年六月、真岡《もうか》代官所支配の諸村を接収し、鍋島貞幹《なべしまていかん》が下野国県知事となる。同九月、日光奉行所支配地も接収し、翌明治二年二月、旧真岡代官所支配地と併せて日光県をおき、広大な県域を維新政府が直轄した。四年七月の廃藩置県により下野国内には日光県ほか九県と、古河県など二〇県の飛地が所在したという。同十一月の改置府県ではじめて栃木県の名を用い、下野国内は栃木県と宇都宮県が統合し、管轄区域はつぎのとおりとなる。なお初代栃木県令には旧日光県知事鍋島貞幹が就任し、宇都宮県の県令も兼務した。

栃木県　下野国　足利郡　梁田《やなだ》郡　寒川《さむかわ》郡　安蘇《あそ》郡　都賀郡
　　　　上野国　邑楽《おうら》郡　新田《にった》郡　山田郡
宇都宮県　下野国　芳賀郡　塩谷郡　那須郡　河内郡

明治六年六月、栃木県に宇都宮県の管轄を移し、栃木県が成立した。その後、栃木県管轄であった上野国三郡は九年八月、群馬県に帰属する。

田島弥平ら島村の蚕種家による栃木県養蚕開発は、維新政府の直轄する日光県が着手した殖産興業であった。以下、『地方史研究』誌上で同事業の解明を中心的に手掛けた自稿に依拠し、延島新田《のべしましんでん》養蚕開発を明らかにしてみたい（鈴木芳行「明治初期地方蚕業開発と養蚕教師―群馬県佐波郡島村田島弥平の事蹟を中心に―」〈『地方史研究』二二二号〉）。

栃木県養蚕開発の実務を担当した地方官は仲田信亮《なかたのぶあき》（信彰）である。仲田は下野国足利郡勧濃《かんのう》村の出身、明治二年九月岩鼻《いわはな》県出仕を拝命、二年十月岩鼻県権少属となり、二年十二月少属にすすむ。四年六月日光県少属に転属し、四年十一月に日光県を栃木県とするに際しては県知事鍋島からとくに「従前の事務を取り扱いいたすべきこと」と、引き続き養蚕開発の推進役を口達された。四年十二月に十二等出仕、翌五年正月栃木県少属となり、さらに五年八月に大属にまですすんだ。

仲田少属の履歴からは岩鼻県出仕時代に、同県勧奨の清涼育、その主唱者田島弥平、抜気窓蚕室が多数つらなる島村の状況、岩鼻県のすすめる蚕種世話役制などを熟知できる立場が明らかとなり、仲田少属の日光県への転属は岩鼻県が勧奨する清涼育を日光県にも移植し、養蚕開発とすることであったと思われる。

四年七月の仲田少属による「当県管内一大産物ヲ興スノ策」では、河川筋の「亡所」が良桑の適地で養蚕増殖の基本であることを説明した上で、養蚕盛業地の上州島村と適地の条件を有するにもかかわらず養蚕の未開な日光県下の鬼怒川筋を対比し、「豪農富商数名ヲシテ管内絹川亡所ノ地勢ヲ相セシメ、その志ノ徒ヲシテ各所ニつきて開業セシメハ、今年ヨリ三年ニテその大利ヲ興起スベキ、素ヨリ論ヲ待ス」と、鬼怒川筋の養蚕開発を強く主張した。この「豪農富商数名」が田島弥平ら島村の蚕種家に相当し、「絹川亡所」の「開業」が養蚕教師に付与された桑畑開発に相当する。田島弥平は岩鼻県の世話役で、のちに群馬県大惣代となり、養蚕教師である。栃木県による養蚕開発の企図は、養蚕教師を介して養蚕の普及をはかる当期の民部省・大蔵省による殖産興業の企図とみごとに合致する。

栃木県の養蚕開発

明治四年八月初旬、仲田少属らにより開発候補地の検分がはじまった。候補地は鬼怒川筋に思川筋を加え、建策時よりも拡大した。八月十九日、候補地の諸村名主・組頭を日光県庁に会同させ、鍋島県令が養蚕開発を強く申しつけ、仮承諾書の提出をうながした。翌二十日、十四か村が提出、四か村が未提出で帰村した。八月下旬、仲田少属の承諾請書の受け取りと再検分をかねて、開発諸村の巡見がはじまった。八月二十八日、開発場のひとつ塩沢村の請書は、同村の開発場を九町歩とし、六町歩を村方、残り三町歩を「養蚕熟知発明の者」の請地となし、移住して、桑を植えつけ、蚕室を建設し、養蚕伝習の場とする内容であった。

四年十月初旬、島村の田島武平、新田郡平塚村北爪権平らが日光県に来県し、仲田少属の案内で開発場諸村を巡廻していった。これが「養蚕熟知発明の者」たる島村の蚕種家たちと、開発場農民たちとの最初の出会いであった。栃木県開発場と島村との距離はおよそ七五キロ、利根川・鬼怒川や思川などの舟運を利用して、日中の半ばを要する。

栃木県・宇都宮県並立後の十一月二十二日、開発場諸村の名主・組頭が栃木県庁に出頭、開発場・反別・割地・起業方法・桑苗購入方法などを取り決めた。この出頭立ち会いとして島村からは田島弥平・田島弥三郎らが来県し、立ち会い終了後、各開発場を巡見していった。

各開発場では十月から十二月初旬にかけて、自村開墾地分と島村請地分の割地と、自村開墾地の村民割りあてを行った。ついで十二月十五日、鬼怒川筋の三本木《さんぼんぎ》村小口三郎、東蓼沼《ひがしたてぬま》村黒須正十郎、思川筋の大行寺村吉光寺梶郎、島田村篠原兵一郎を「開業世話役」に任じた。任命に際し鍋島県令は「その方儀今般開業世話役申しつける、ついては全ク創業のこと故、臨機の取り扱い向など少なからざるあいだ、万事掛リの者差し図ヲ請、せいぜい尽力正路ニ相はじメイ」と厳命した。この開業世話役任命の厳命ぶりといい、さきの強い開発申しつけぶりといい、栃木県養蚕開発の強引な一面をよく示している。

島村蚕種家の進出

明治四年十二月のはじめから十二月十八日までに陸続と栃木県に来県した島村の蚕種家たちは、開発場諸村と開発契約を結んでいった。来県蚕種家たちの出身地をつぎに示すが、島村いがいの出身者も含まれるものの、いずれも田島弥平、武平らと一体的に活動しており、島村蚕種家の一員に包摂されるとみて差し支えないであろう。

佐位《さい》郡島村　新地　田島弥平　田島武平　弥平倅《せがれ》茂三郎　田島幸四郎
田島弥三郎倅啓一郎　同敬二郎　同啓四郎　同弥四郎
〃　新野　栗原才紋倅彦三郎
那波《なわ》郡前河原《まえがわら》村　福田彦四郎父立忠
新田郡平塚村　北爪権平倅織作　田部井由蔵　渋沢田作　渋沢勝次

契約諸村は鬼怒川筋が芳賀郡大島・柳林・粕田《かすだ》・寺分《てらぶん》・砂ヶ原《すながはら》、河内郡東蓼沼・三本木・坂上、都賀郡福良《ふくら》・延島新田の一〇か村、思川筋が島田・黒本・石ノ上・立木《たつぎ》・塩沢・大行寺《だいぎょうじ》の六か村、合計反別は二六一町歩あまりと大規模におよぶ。開発場諸村の村方分・島村請地分の反別、筆頭請地人などは、表11のとおりである。石ノ上村では自村分二町六反あまりを細分し、これを村内全農家四四戸に割りあて、大行寺村でも自村分七町五反あまりを細分し、これを村内全農家五三戸に割りあてた。これらから判断すると、各開発場とも全村あげての開発であったといえよう。石ノ上村では「取り究め一札の事」という割りあて上の取りきめをつぎのように結び、脱法的な行為を厳しく禁じた。

割地鬮《くじ》抜《ぬ》きにて相定め候こと
悪地落鬮に相成り候とも、違変申す間敷《まじ》きこと
割つけ境杭猥《みだ》りに村役人の留守に寄せ、引き抜くべからざること
ただし、欲心に長じ村役人の引き取り後、勝手に杭木動かし候者ハ、割地引きあげられ候とも違乱申す間敷きこと
村役人の差し図を請け、芝地割り合い仕り、早速切り発し養蚕せいぜい仕るべく候、然る上には相互に睦間敷候、この儀につき喧嘩《けんか》口論《こうろん》など仕らざるようにいたすべし

明治五年二月、石ノ上村では島村近隣の保泉村苗屋伝平・丈助から二四〇〇本の桑苗を購入し、これを村内の各割地農家に配分、植えつけをはじめた。

表11　開発場諸村の土地

開発場村名	村方分	島村請地分	合　計	筆頭請地人
芳賀郡	(反　畝　歩)	(反　畝　歩)	(反　畝　歩)	
大島村	38.4.12	25.6.8	64.0.20	
柳林村	129.7.22	129.7.22	259.5.14	田島武平
粕田村・寺分村	149.7.20	109.3.10	259.1.00	福田立忠
砂ヶ原村	80.9.25	80.9.25	469.4.06	
河内郡				
東蓼沼村	281.6.16	187.7.20	469.4.06	
三本木村・坂上村	90.0.00	60.0.00	150.0.00	田島啓一郎
都賀郡				
福良村	87.2.19	58.1.22	145.4.11	
延島新田	186.5.08	124.3.15	310.8.23	田島弥四郎
島田村	171.9.12	114.6.07	286.5.19	
黒本村	37.4.12	24.9.17	62.3.29	
石ノ上村	26.1.27	17.6.18	43.8.15	北爪織作
立木村	108.3.18	72.2.12	180.6.00	田島武平
塩沢村	60.0.00	30.0.00	90.0.00	北爪織作
大行寺村	75.9.10	50.6.07	126.5.17	
合　計	1,524.2.21	1,086.1.03	2,610.3.24	

同じく二月一日から十六日までのあいだに、田島武平と栗原才紋が鬼怒川筋の諸村を、田島弥四郎と田島幸四郎らが思川筋の諸村をそれぞれ前後数回にわたり、各開発場の桑苗植えつけを巡廻指導した。武平らは二月六日の一日だけでも舟運を駆使し、東蓼沼・粕田・砂ヶ原・大島・三本木の各村を精力的に巡廻した。

桑苗が養蚕に堪えるぐらいしっかりした桑樹に成長するのには仲田少属の建策中にもあったように、最低三か年を要する。明治六年十二月、石ノ上村では筆頭請地人の北爪織作が請地一町二反あまりを返却した。同村ではこれを四六筆に細分し各農家に割りあてた。植えつけ後三年未満の請地返却は島村蚕種家の移住開墾、蚕室建設による養蚕伝習が行われなかったことを意味する。ほかの思川筋の諸村も石ノ上村と同様であったであろう。しかし、石ノ上村の繭生産が明治元年皆無であったのに対し、七年二石七斗、十二年四石一斗の記録がある。養蚕開発事業後、思川筋の結城蚕種本場の故地に養蚕復活の兆しがみえはじめたのである。

延島新田の養蚕開発

いっぽうの鬼怒川筋では、明治六年九月から田島弥平らにより延島新田への移住による養蚕開発がはじまった。思川筋より鬼怒川筋の開発が遅延した理由は不明だが、五年二月の田島弥平、武平の大惣代就任と、その後の大惣代事務の多忙さが影響していたであろう。

開発にさき立って弥平らは島村新地、同新野の蚕種家らで「養蚕開業社」を組織し、開発協力者の獲得と開発資金創出の同志的結社とした。結社内では、弥平が事業を総覧、武平が開発場にたびたび赴いては事業手順を指揮し、県庁や延島新田、諸村との交渉役を務めた。弥四郎と栗原才紋は主に会計を担当し、福田立忠が現場監督的な立場で、棟梁・大工・人夫・諸職人などとの折衝役を精力的にこなした。社員外の宮崎伝蔵が弥平の名代として延島新田に在村し、立忠と同様な役割を果たした。

養蚕開発はまず桑畑開墾から着手した。開発場のなかでは延島新田が三一町歩あまりともっとも広い。このうち島村の開墾地は一二町四反歩あまり、これには蚕室用地一町歩あまりが含まれる。開墾地は鬼怒川の西堤に沿って南北一八五間、東西二一五間で、山神耕地・中ノ内・東川原の各字にまたがっていた。この地を大きく六筆に分割している。入植直後から茨城県結城郡鹿窪《かなくぼ》村、栃木県都賀郡下生井《しもなまい》村・粟ノ宮《あわのみや》村・延島新田などで桑苗の買いつけをはじめた。明治七年二月はじめから植えつけた桑苗はおよそ一〇万本、大量の桑苗植えつけおよびその後の補植《ほしょく》・耕耘《こううん》・施肥《せひ》・除草などには懲役人を使役した。この徒役《とえき》開墾にはつぎのような背景があった。

明治三年十二月、維新政府は民部省に開墾局を設け、開墾事務の統一的な管掌部局とした。同月、日光県では「河内郡塩野室村ニ属セル広袤《こうぼう》三十町歩ノ平野、地質頗《すこぶ》ル膏腴《こうゆ》ナル者ヲ卜定シ、先ツ手ヲここニ下タシ」と、塩野室村の三〇町歩あまりの開墾を第一着手とする、県内五三〇町歩あまりの五か年間徒役「田圃《たんぼ》」開墾事業を太政官に稟議《ひんぎ》した。稟議には「本県嘗《かつ》テ稟准セシ開墾ノ事業」とあり、この三年十二月が最初の稟議ではない。翌明治四年二月、太政官は徒役開墾の是非を勧業担当の民部省・大蔵省に垂問、これに対し民部省は「若《も》シ能《よ》クその方図ヲ周挙スルヲ得ハ、則チ以て全国徒役場ノ模範ニ備フルニ足ラン」と、実施可能を応答する経緯があった。

五三〇町歩あまりの徒役開墾事業がそのまま実現したわけではないが、田圃を桑畑におきかえてみれば、日光県による「塩野室村」の徒役開墾計画の延長線上に、栃木県延島新田の桑畑開墾があることを伝えている。日光県の開墾企図を転換し、それを受け継ぐ栃木県養蚕開発は、開墾労働の面でも強引さを内包していたのである。

「田圃」開墾を養蚕開発に転換した時期は明治四年六月、仲田少属の日光県への転属ごろが比定されよう。当該期、大蔵省租税正兼改正掛長として直轄府県における蚕業方面の殖産興業を主導するのは渋沢栄一であり、蚕種製造規則には蚕種世話役に養蚕教師の役割を付与して養蚕を奨励する規定を盛る。そして開墾局の前提をなす山林原野開墾規則は明治三年九月、渋沢が租税正兼改正掛長として立案、制定にかかわった殖産興業である。徒役による「田圃」開墾から養蚕開発への転換には、渋沢栄一がかかわった可能性を秘める。

延島新田の蚕室

桑苗は植えつけて三年で、養蚕が可能になる。明治九年四月から延島新田の蚕室用地で蚕室建設の準備がはじまった。島村からは武平が来村し、入札の上棟梁を結城町の林辺磯吉と決め、建築資材は宇都宮の都賀屋安平などから購入した。大工は延島村の上野鶴次郎、下江連《しもえづれ》村の甚五衛門、細工大工に船戸村の佐藤忠次と同岩五郎、左官・屋根師・仕事衆などの諸職人には下江連村の坂入五左衛門・水越忠平、大谷村の柳田文造と、いずれも延島新田近郊の業者を選定した。

明治九年四月二日、六年入植時の仮小屋を取り壊し蚕室建築に着手、四月五日に地均《じなら》しをはじめ、四月九日からは資材を搬入した。予定では四月三十日完成であったが、五月初旬となっても壁塗りがおわったばかりの状態で、春蚕の上簇は延島村の添野覚平の居宅を借用し、乗り切った。五月下旬に「不日落成」と完成間近となったから、五月末日には完成にいたったであろう。新築蚕室はつぎの二棟であった。

一棟　東西切妻《きりづま》　板葺き屋根　気抜つけ　梁間《はりま》四間・桁行《けたゆき》一五間

一棟　西妻入母屋　東妻同形　板葺き屋根　梁間四間・桁行二一間

このうち「気抜つけ」を設ける切妻造りのほうが抜気窓蚕室で、入母屋造りは吹き抜け構造だったであろうか。抜気窓蚕室は島村式蚕室の一大特色であり、この蚕室で行う養蚕法が清涼育である。

養蚕開業社は延島新田に入植直後、延島新田や個人に対し三〇〇両あまりの地代金を支払い、開墾地を買い取った。明治八年から九年にかけて養蚕開業社では共同名義であった開墾地を弥平と武平、福田立忠の各個人名義とした。九年十二月、立忠は所有地を弥平・武平らに分割譲渡、延島新田における弥平の所有地は七町五反あまり、武平は六町九反あまりとなった。弥平が切妻蚕室、武平が入母屋蚕室を所有したのである。延島新田に出現した二棟の蚕室は、島村式蚕室の延島新田伝播を明示している。

都賀郡延島村の添野覚平は当地方屈指の豪農で知られ、蚕種家でもあったが、同家の養蚕飼育書には「室内ハ勉メテ清涼ヲ旨トシ、四方ノ窓ヲ開キ、もっぱラ新鮮ノ空気ヲ流通セシムベシ」とあり、清涼育を採用していた。明治十二年、延島村では蚕種会社「延島村絹里会社」を立ちあげたが、同社の規則書が盛る蚕種製造法・蚕具使用法・飼育手順・役員構成法などは、清涼育を採用した島村勧業会社とまったく同じ文面である。さらに明治十九年、鬼怒川筋の中川原・中島・福良・梁・高椅・田川・延島・延島新田の八か村は「絹里《きぬさと》会社」を組織したが、同社の養蚕心得書でも「蚕ヲ養フヤもっぱラ空気ヲその室内ニ流通セシメ、新鮮空気中ニ養フヲ以て肝要トス」と、清涼育を標榜していた。これらの事例は栃木県鬼怒川筋の諸村に弥平の清涼育が伝播していったことを示している。

柳林村の蚕室

前河原村では福田立忠の倅彦四郎が岩鼻県の蚕種世話役となり、蚕種大物代制では世話役に選ばれ、大物代の弥平や武平を支え、島村蚕種家の一員にかぞえられる。弥平・武平らの延島新田開発と時期を同じくして、彦四郎も芳賀郡柳林村（真岡市）に入村し、養蚕開発に従事した。明治七年一月、彦四郎は渋沢栄一・渋沢喜作・古河市兵衛・細野時敏・渋沢才三郎とともに、養蚕開発結社として「柳林農社」を設立し、同二十年の廃業まで支配人として経営に従事した。柳林村に設けた柳林農社の蚕室は梁間五間・桁行三三間の切妻総二階建ての大構えで、屋根には総抜気窓をおく（『渋沢喜作書簡集』）。こうして芳賀郡柳林村にも島村式蚕室、清涼育が伝播したのである。

このように栃木県鬼怒川筋の養蚕開発は、弥平や武平、弥四郎などが養蚕教師となりすすめられた。すなわち、養蚕教師を介して養蚕を奨励し、養蚕基盤の拡大企図の具体化である。そして、養蚕教師生みの親である渋沢栄一の名を柳林農社の社員にみとめることができることから判断すると、渋沢はみずから立案した養蚕教師を介する養蚕奨励に、みずから参画したことになる。

西郷隆盛と酒田県

松ケ岡開墾場《まつがおかかいこんじょう》は現在も、山形県鶴岡《つるおか》市の郊外に立地する。江戸時代、羽前国田川郡鶴岡地方は庄内藩が支配し、藩主酒井家は譜代一四万石で、鶴岡藩とも称した。戊辰《ぼしん》戦争では奥羽越列藩同盟《おううえつれっぱんどうめい》の中核として、薩長軍と激烈な戦闘を交えたことはよく知られている。それ以前、慶応三年（一八六七）十二月の江戸薩摩藩邸焼き討ち事件で主力となったのは、江戸市中警備の任にあった庄内藩で、薩摩藩に五〇名をこえる死者が出た。

戊辰戦争で新政府軍の大総督府参謀は薩摩藩の西郷隆盛であったから、列藩同盟の中核でかつ薩摩藩邸焼き討ちの主力であった庄内藩に対する戦後処分は、きわめて過酷となることが予測された。しかし、藩高は一二万石に減封されたにすぎず、その上家名の存続が許されたのである。西郷隆盛のこの寛大な処分は庄内藩上下士に恩義を生み、その後の酒田県華士族らのたび重なる鹿児島訪問など、互いに信頼し合う緊密な関係が築かれる契機になった。

この緊密な関係性のなかから、西郷の語る言葉を一書にまとめた『南洲翁《なんしゅうおう》遺訓《いくん》』が生まれる。これが大日本帝国憲法発布による西郷恩赦の明治二十三年（一八九〇）一月、山形県西田川郡鶴岡町の三矢藤太郎により、世に頒布されることになる。同書には明治六年の政変で西郷とともに下野した肥前人副島種臣《そえじまたねおみ》の序文を載せ、西郷の考え方の根底にあるのは「敬天愛人」の思想であると結ぶ。「敬天愛人」は西郷の座右の銘であり、その直筆書がやはり山形県鶴岡市の旧藩主酒井家に現存する。

庄内藩は明治元年に岩代《いわしろ》国若松《わかまつ》、二年には磐城《いわき》平《だいら》への転封を命じられる。だが献金運動の結果、版籍奉還後の明治二年七月、七〇万両献納を条件に庄内復帰が許された。献金額は結局半額以下の三〇万両で落着し、同年九月、大泉《おおいずみ》藩となる。四年七月の廃藩置県では大泉県となり、十一月の改置府県で松嶺《まつみね》県と合併して酒田《さかた》県となった。四年十二月には藩常備兵解隊令により、三年二月の藩常備兵編成規則にもとづき編成された大泉藩常備兵を解隊したが、この解隊が酒田県士族による松ヶ岡開墾の端緒を開いたのである。

酒田県の養蚕開発

維新政府は明治二年六月の版籍奉還により藩主を華族に、家臣を士族などに再編、華族は藩知事に任じたが、従来の領有権を奪い、士族への家禄給与権も否定した。翌三年九月の「藩制」では藩知事の家禄は藩高の十分の一に限定するとともに、藩の禄制改革をうながしたため、士族の家禄処分およびそれと表裏をなす士族授産が顕在化することになった。

「藩制」と同時に制定した山林原野開墾規則では、管内にある「山林野沼および海岸つき寄洲などの場所」に自費開墾を許し、士族授産をうながすねらいを含めた。さらに三年十二月、民部省に開墾局を設け、翌四年正月から士族授産と殖産興業を開墾奨励の目的とし、北海道、東北地方を中心に開墾局員を全国に派遣、荒蕪地《こうぶち》調査を実施した。四年七月の廃藩置県により民部省が廃止されると、大蔵省が開墾事務をすべて引きついだが、同省が掌握した全国の荒蕪地は実に二〇万町歩あまりに達したという。翌八月、大蔵省は「各管内荒蕪地不毛の地所、自今相当の価を以てお払い下し相成り候」（吉川秀造『士族授産の研究』）と、荒蕪地払い下げを公にした。

廃藩置県は旧体制の払拭をめざしたから、家禄処分により究極の目的とする士族解体が加速することになる。各藩常備兵の解隊もその一環であったが、同時に失職士族の救済が現実問題化した。酒田県は士族救済の途を荒蕪地払い下げとその開墾に結びつけた。その際つぎのように薩摩と庄内の緊密な関係が立証されることになったが、この荒蕪地払い下げに、参議西郷隆盛の尽力があったことは疑いない（『松ヶ岡開墾事歴』）。

この時菅実秀（旧藩家老）酒田県権大参事の職にあり、深く士族の現状を察しこれが救済の道を苦慮し、南洲翁（西郷南洲）に謀り県下不毛の地を払下げ、士族を勧奨して開墾に従事せしめんとす、その旨意、一つは以て養蚕を盛んにして国産を増殖し、一つは以て士族力食の途を開き、藩祖いらい累世涵養《かんよう》する所の節義廉恥の風尚を失わざらしむるにあり。翁、深くこれを賛襄せらる、菅氏喜び直ちに酒田におもむき、もっぱら開墾の準備に従事せり

酒田県士族の開墾と養蚕を結びつけたのも、西郷隆盛であったとみられる。田島弥平が明治五年三月に出版した『養蚕新論』には、西郷隆盛の「満簇如雲」なる書を載せる。簇《まぶし》とは蚕が巣ごもりするとき、営繭《えいけん》させるために用いる蚕具をさし、幾重もある蚕棚《かいこだな》におのおの格納して使う。上簇のとき蚕棚で満杯となる蚕室では、簇の傍らからのぞく数限りない繭の白肌が室外からの明かりを受けて光り輝き、まさに「簇が満ちること雲の如し」

の観を呈する。西郷と弥平との関係は、島村と弥平をよく知る大蔵少輔渋沢栄一と、筆頭参議で大蔵省ご用掛であった西郷との、省務をとおしたかかわりから生じたのではと想像することができるものの、詳細はまったく不分明。しかし、この書が意味するところは、西郷が島村の弥平と清涼育、その帰結的構造である島村式蚕室を実見し、島村の蚕種業を知悉するにいたったことを示していよう。維新いらい西郷と酒田県士族とのあいだに築かれた密接な関係性のなかで、荒蕪地の払い下げに続き、その荒蕪地はみずからが知り得た弥平の清涼育、島村式蚕室など島村流の養蚕に開発することを教示したのも、西郷ではなかったかと考えられる。

つぎに明らかにするように、数次にわたる桑畑開墾、弥平を養蚕教師とする酒田県士卒族一八名の養蚕伝習、一〇棟におよぶ島村式蚕室の建設など、計画的にすすめられた松ヶ岡開墾場の養蚕開発が、西郷による島村流養蚕の教示を立証することになろう。

松ヶ岡の桑畑開墾

鶴岡城跡から南東およそ六キロの地に松ヶ岡開墾場が現存する。開墾地は「後田山《うしろだやま》」と称する荒蕪地であった。『松ヶ岡開墾事歴』では明治五年に東山の「後田村官林百余町歩」開墾に着手とし、七年に、開墾初年いらいの熟圃《じゅくほ》は「三百十一町九反一畝十五歩」になるとしている。これから後田山の荒蕪地は全体で三〇〇町歩（三〇〇ヘクタール）をこえる広大な規模であり、年間一〇〇町歩あまり、三年間で開墾済みとさせる計画であったと予想される。この後田山を松ヶ岡と称するきっかけは開墾当初、旧藩主酒井忠発が開墾事務所の傍らに、みずから記した「松ヶ岡」の小札を掲げさせたことに由来するという。

さて、明治五年四月、解隊された常備兵六小隊を受け継ぎ、旧藩士族の少壮三五八名を一小隊六〇名の基準で再編、開墾組の中心に据えた。ついで六月、この六小隊を含め士族卒三〇〇〇名により三四組を編成し、開墾の陣容を整えた。

酒田県士族による松ヶ岡開墾の様相は、庄内藩家老職の家筋から出て黒埼《くろさき》家を継いだ黒埼研堂《けんどう》が書き記す『庄内日誌』に詳細である。以下、主に『庄内日誌』と『松ヶ岡開墾事歴』に依拠し、松ヶ岡の開墾を追ってみたい。

後田山の開墾予定地は北から南に高寺山《たかでらやま》・馬渡山《まわたりやま》・漆原山《うるしわらやま》・黒川山《くろかわやま》とつらなる連山の西麓に展開しており、明治五年七月八日から草払い、測量、事務所の建築のほかに、道造りと開墾地の区分という準備作業に入った。道は北から南にかけてほぼ等間隔に、高寺道・馬渡道・漆原道と三道を東西に切り開き、予定地を四つに大区分し、各大区分地では一万坪をめやすに小区分した。

最初の開墾対象地は高寺道から馬渡道にかけての、一番小区から二九番小区である。この小区分地は開墾組の中心である六小隊が分担したが、それぞれの受け持ち区には各小隊の旗を掲げ、互いに気勢を張ったという。表12に旗印《はたじるし》と組、組頭・組員数を示す。

明治五年八月十七日に鍬初《くわぞ》め（起工式）を行い、第一年目の開墾作業が一斉にはじまった。作業は松《まつ》・楢《なら》の巨木一〇〇〇本以上を伐採して地均し作業を重点に行い、五八日間かけ、十月十五日に落着した。黒﨑研堂自身は白井組に属し、つぎのようにその様子を記した。

（十月二十日の追記）開墾の初めはまず雑《ぞう》木《ぼく》、茨《いばら》を刈り払うことからはじまる。手筈を決め刈りとる端から直ちに束ねる。束ね方がゆるいとたちどころにほどけ、ほどければ散らばって収拾がつかず、束ねるよりかえって時間がかかる。そこで

表12　松ヶ岡の開墾組小隊

旗印	組	組頭	組員数
「中黒」の旗（新田源氏の旗）	榊原組	榊原十兵衛	六一名
「以碬投卵」の旗（孫子の語）	都筑組	都筑正倫	五七名
「林組」の旗（中央に林組と記す莚旗）	林組	林源太兵衛	六〇名
「神乎神乎至於無声」の旗（孫子の語）	白井組	白井為右衛門	六一名
「報国」の旗（尽忠報国の語）	本多組	本多源三郎	五九名
「☵」の旗（易の卦水にちなむ）	水野組	水野郷右衛門	六〇名

一緒に鎌をふるい、刈れば直ぐに束ね、刈りあとが少し広くなればその根を掘る。根を掘る作業は、初めまず荒掘り、ついで丁寧に掘り、こまかい塵《ちり》あくたも残さず、三度これを均す。砥石《といし》のように平になるが、非常に時間がかかるので、一同はよろこばない。後でやり方をかえて、初めから丁寧に掘り、つぎに均すと時間は三分の一も節約される。然るに諸隊はみな精を出さず、不平たらたら。……掘りおわって均すには鉄の熊手を使い、まことに荒っぽい仕事ぶり。しかし一日一晩でみな均す。均しおわると松の根を掘り、これを倒す。十抱えもあるのを掘るには人が潜って通れるほども掘らねばならない。穴のなかからみあげれば、その根はまるで大黒柱のよう。その倒れるときには太陽もこれがために揺れ動き、風の神もこれがためにたじろぐありさま。斧《おの》で切り、鋸《のこ》でひき、やっと平げ、あとをまた丁寧に掘ってようやくできあがり。

明治六年、二年目の開墾は桑苗植えつけの作業が中心だ。一月に雪道を確保し、橇《そり》を挽《ひ》いて鶴岡市街より塵芥《じんかい》肥料を開墾地に運ぶ作業から着手した。いっぽうで、榊原十兵衛をして養蚕が盛んな上州前橋・高崎付近、および奥州伊達《だて》・梁川《やながわ》地方などに派遣し、栽桑方法を詳細に調査させ、桑苗を多数注文した。当然、上州前橋・高崎付近の調査には島村が含まれていたであろう。

四月十八日は「後田の山開き」で、同日から打ち返し、植えつけ用の穴掘り、冬に準備しておいた肥料ほどこし、桑苗植えつけの各作業を実施し、五月十六日には「桑畑ついに大成」となった。八月からは三山の開墾がはじまった。三山は黒川山・高寺山・馬渡山の連山をさし、この三山麓方面には前年と同様な開墾作業をほどこした。

明治七年、三年目の開墾作業は養蚕伝習と三山の桑苗植えつけ、桑畑開墾、および蚕室建設の着手である。三山の山開きは四月十九日で、前年と同様に、雪中を運搬して準備した肥料ほどこしからはじめ、全部に桑を植えつけおわったのは六月六日であった。

同年までに開墾済みとなった面積は合わせて三一二町歩あまり、植えつけた桑苗は五五万一六〇〇本にも達した。

松ヶ岡開墾場の蚕室

田島弥平の桑拓園には明治七年四月から七月にかけて、酒田県士族の榊原十兵衛ほか一八人が寄宿し、春蚕に従事しながら養蚕方法や桑畑開発の利害得失など、養蚕伝習を受けた。伝習者のひとり林政孝は、さらに七月から八月にかけて三二日間、再生蚕の伝習を受けるため、弥平の行う養蚕試験に従事した。再生蚕とは二化性の蚕をさす。弥平はこの養蚕試験の実際を「明治七年養蚕検査表」として記録し、記録をみずからの『続養蚕新論』に載せている。

松ヶ岡開墾場の明治七年養蚕伝習とは、この明治七年四月から七月にかけて田島弥平の桑拓園で受けた酒田県士族一八名の伝習をさす。しかし、昭和六年に編さんの『松ヶ岡開墾事歴』では島村に派遣した伝習生はつぎの計一七名とあり、人数が一名相違している。『松ヶ岡開墾事歴』では、再生蚕を伝習するため七月から八月にかけて、養蚕試験に従事した林政孝を欠落させているのではないか。

監督　　加藤源五右衛門
実習生　　榊原十兵衛　　林長一郎　　中根市蔵　　芳賀善兵衛　　ほか卒族一二名

また『松ヶ岡開墾事歴』では、養蚕伝習は弥平家だけでなく武平家でも行ったという。当然、酒田県士族は弥平や武平を養蚕教師として、養蚕伝習だけでなく、抜気窓を構える蚕室構造についても学んだであろう。

『松ヶ岡開墾事歴』では明治七年十月に、松ヶ岡の東に蚕室建設の計画を定め、基礎の地盤を平均し、取り壊し中にあった鶴岡城の瓦を松ヶ岡に運んだと記すが、この十月は運搬完了月を示すであろう。『庄内日誌』では、八月五日「後田山の蚕室の基礎工事、地均し作業」と、地均し作業は八月に入ってからはじめ、同月末からの瓦運びはつぎのように記す。蚕室建設の監督指導者は同年四月から四か月ほど上州島村に赴いて養蚕伝習を先導した、榊原組隊長榊原十兵衛が務めた。

（八月三十日）　某氏が提案していうには、瓦を背負って運搬することは労多くして功が少ない。十歩に一人ずつ立ってリレーすれば、内城から後田山までおよそ二千人で到達するだろう。そうすれば手は瓦数枚の重さ、足は十歩歩くだけの労働で、一日行きつ戻りつすれバ、仕事はできあがってしまう。執行部はこの意見を成る程と聞いて感心を示し、今日六小隊で試験的にやることになる。城中から旧お厩《うまや》まで約百人を並べ、六、七歩おきに一人ずつ立ち、延えんとして途切れることなく列び、昼飯頃までに作業を終了する。榊原隊長が懐中時計を取り出して測ったところ、六百枚を運ぶのに二十分かかったから、一時間で千八百枚、一日で（実働八時間とすれば）一万四千四百枚運搬できる勘定になる。また試みにその間隔をちぢめて二歩に一人立つと、千二百枚を運ぶのに初めの通り計って二十五分かかったという。速度をおとしゆっくり運び、約八千六百枚で中止する。

（九月一日）　瓦運びの作業。……外堀お厩の北の土手からはじまって、松ヶ岡の東門までおよそ二万二千八百四十尺、すなわち一里半九町二十六間四尺、歩数で九千百三十六歩ある。まんなかはちょうど赤川の東土手の下口にあたる。帰る時もまだ瓦リレーはおわらず、漸《よう》くして中止となる。林隊長がまた来ていわれるには、つらつら観察するに、リレー方式は背負い方式の便利さにおよばない。明後三日は全員集合の上、一日三往復し、三回運びおえた者はみな休みにしよう、と。

結局、瓦運びはリレー方式を放棄し、九月三日からは背負い方式で実施した。

蚕室の建設は、十月六日「普請がはじまる。まずはじめに東の部屋からとりかかる」と、その基礎作業から着手した。十月十二日「後田山の材木運び」、十月二十三日「後田山の作業。土台の石を据え、砂利を突き固め、土盛りをし、一日中もっこをかつぎ」、十月三十日「後田山の蚕室の基礎の胴突きの日、庄内中の屈強の若者がみな集るはず」、十月三十一日「昨日の後田の蚕室の胴づきは大風のため中止、本日決行」、とある。同年の蚕室普請は積雪の時期となり、胴突きをもって中断した。蚕室に用いる資材の一部は、旧城資材の再利用であった。

翌明治八年三月七日「蚕室の基礎の除雪作業」、三月十一日「後田山の材木運び。橇をひく」、三月二十一日「城内の材木運搬」、四月三日「蚕室の完成も間近く、壮観である」、四月十四日「三階建ての蚕室の棟あげである。最頂点は三十六、七尺、そのてっぺんに梁《はり》を一本あげる。あとはまだできあがらない」と、一棟の蚕室が落成した。

ついで五月はじめ、この一棟と合わせて四棟の蚕室が落成した。蚕室はすべて瓦葺きで梁間五間・桁行二一間、高さ五間四尺の入母屋三階造り、三階部分は総抜気窓、すなわち島村式蚕室である。

蚕室完成間近の三月二十四日に「蚕のスノコつくりの作業」とあり、蚕具は松ヶ岡で作製した。しかし、この作製指導にあたったのは島村近傍下武士村の高木市五郎・サト夫妻で、年間雇用で松ヶ岡に仮住いし、蚕具伝習に従事した。

内務省と松ヶ岡開墾場の養蚕経営

それ以前、明治七年一月十四日、酒田県から開墾士族に対し、太政大臣三条実美による慰労金三〇〇〇円の下賜が伝えられた。『庄内日誌』では一月二十五日「六小隊の士は泥の如く酔いつぶれ、あちらこちらに歓呼の声が起る。ああ盛んなるかな」、と記した。この下賜金には、「今般内務省ご設立ノ際」として、「家禄奉還ノ士気一層鼓舞顕然ニテ」(『太政類典』明治七年「酒田県へ達」)という、士族解体に向け松ヶ岡開墾場を家禄奉還、士族授産の模範とする内務省の企図が存在していたのである。

明治六年春に最初の開墾地に植えた桑苗は、三年目の八年には養蚕に堪えられる桑樹に成長する。八年五月、

松ヶ岡開墾場の蚕室
(『松ヶ岡開墾事歴』より)

四棟の蚕室落成をまち、松ヶ岡開墾場での養蚕がはじまった。養蚕手は榊原十兵衛ほか島村養蚕実習生の専務であり、育法は当然、清涼育である。掃立は五匁つけ蚕種六八枚、六月には好結果を収め、七月には成繭を選択して養種し、蚕種八〇〇枚を製造、横浜に出荷して好評を得た。これが庄内地方最初の蚕種輸出であったという。成繭の一部は座繰《ざぐり》器械により生糸にして販売した。

なお酒田県は明治八年八月に鶴岡県と改称し、翌九年八月には置賜《おきたま》県と合併して、山形県となる。

明治九年五月、松ヶ岡ではさらに四棟の蚕室を建てた。七年春に三山に植えた桑が三年を経て使える。蚕室構造は前年とまったく同じ三階建て総抜気窓の島村式である。榊原十兵衛を監督とし、一番から八番の各蚕室に室長をおいた。五番蚕室の傍らには上州式座繰器械五〇台を据えつけて生糸の改良に供し、四番蚕室の傍らには真綿製造器を据え、米沢より教婦を招聘し工女四〇名あまりに伝習させ精品を得たという。

明治九年の養蚕が多忙なころ、六月十二日に内務卿大久保利通が来鶴、翌十三日、松ヶ岡開墾場を視察していった。黒﨑研堂はそのときの様子をつぎのように記した。

（六月十五日）はじめ私は大久保内務卿の桑田視察といっても、通り一ぺんの視察で帰るに過ぎないだろうと思っていたが、今日視察の状況を聞いておどろいた。話によれば大久保氏の視察は噂とは大ちがいのようで、八か所の蚕室をあまねく廻り、歎賞してやまず、初年度からの費用はいくらか、人員は何人か。今は何人に減ったか、来年は種紙何枚を掃立るか、桑一本あたり何匁の葉を摘むか、一蚕室あたり桑はいくら要るか、と聞かれ「何と盛んなことよ、大仕掛なことよ。将来は西洋式の糸くり車や織機を設備して永く皇国の至宝となるべきだ」と、賞嘆されたということだ。

明治十年五月には、旧藩時代の厩舎で梁間五間・桁行二〇間の古材を貰い受け、平屋建て二棟の蚕室を設けた。同年の春蚕は一〇棟すべての蚕室で飼育した。全蚕室稼働による本格的な士族養蚕の開始であった。

松ヶ岡開墾場の養蚕経営は、明治七年のワッパ騒動、同騒動に端を発する九年の鶴岡事件裁判、十一年の種夫食米資金費途係争などが続き、順調に推移したわけではない。資金不足から十五年には養蚕は一棟のみで行い、残桑を売却した。いっぽうで、士族授産資金二万円を借用し、十七年にはさらに一万円を借用せざるを得なかった。同年に蚕室の一棟を鶴岡朝暘《ちようよう》学校の校舎に提供したが、同年八月には暴風のため平屋蚕室二棟が崩壊してしまった。養蚕経営がようやく軌道に乗りはじめるのは十九年に蚕室三棟で養蚕ができるようになってから、といわれている。

開拓使札幌本庁の開庁

明治二年五月、五稜郭《ごりようかく》の戦いで新政府軍が勝利し、戊辰戦争は終結した。翌六月の版籍奉還により蝦夷地《えぞち》開拓のため開拓使を民部省内に設置、八月には太政官内に移し、蝦夷地を北海道に改め、一一か国八六郡を管轄した。同年九月に開拓使出張所を函館《はこだて》に設け、逐次本府事務を移した。翌明治三年閏十月、東京の開拓使庁を廃止して東京出張所とし、開拓使の出先機関とした。以下、主に『新北海道史』に依拠し、札幌に拓かれた北海道庁、および酒田桑園の開墾を明らかにする。

開拓使の札幌本庁は石狩の原野を切り拓き、本庁舎の敷地三〇〇間四方を確保し、本庁前に長官邸・判官邸・学校・大病院を相対におき、ついで権判官以下の宅地、農政・市政・刑法の諸官衙、さらに華族・武家邸と倉庫の敷地をそれぞれ配置、これより東西に通る大通りを隔て、南方に市街地を画し、東方の豊平《とよひら》川岸より西方の円《まる》山《やま》にいたる範囲を、当初の建設予定地とした。札幌本庁の建設は明治二年十月からはじまったが、定額の経費を多額に超過したため四か月で一旦中止となった。

明治四年二月から新たな陣容で本庁建設に着手、四月に仮本庁舎が完成し、開拓使庁を函館より札幌に移した。このころには官邸数棟が落成し、引き続いて営繕掛・用度掛詰所、病院・病室、農村移民家屋二〇〇棟ほどが完成した。同時期に、市街予定地を測量して縦横に区画し、各区は方六〇間、道幅は大体一一間、裏通りは六間と定め、南北の中間に幅六〇間の大通りを設け、大通り以北を官宅地、以南を商業地とし、北海道の国郡名を町名に冠称した。

明治四年七月の廃藩置県により、北海道は諸藩や寺院、個人などに土地を割り渡して支配させるいわゆる分領支配を撤廃、開拓使により全道が統一された。八月には毎年一〇〇万両、一〇か年で一〇〇〇万両を支出する北海道開拓一〇か年計画が決定、本格的な北海道開拓がはじまった。翌五年八月、開拓使は札幌開拓使を札幌本庁と改称、函館・根室《ねむろ》・浦河《うらかわ》・宗谷《そうや》・樺太《からふと》の五支庁を設置した。

黒田清隆長官の開墾士要請

薩摩藩の黒田清隆《くろだきよたか》は慶応四年の戊辰戦争では、北越征討参謀として庄内藩と激戦を交え、戦後は大総督府参謀西郷隆盛の指示を受けて、庄内藩の寛大な処分の実務を担当した。明治二年五月の五稜郭の戦いでは、新政府軍参謀として勝利を収めた。翌三年五月、黒田は開拓使次官に任命され、四年八月の開拓使一〇か年計画を樹立させ、北海道開拓の諸事業に着手する。

黒田が開拓使長官に就任するのは明治七年八月、ただちにひとりの使者を酒田県の松ヶ岡開墾場に派遣した。使者は、やはり薩摩藩出身で開拓使四等出仕の調所広丈《ずしよひろたけ》である。調所の用件は札幌の桑園地造成のため、開墾士族の来札を乞う打診が中心であった。当の松ヶ岡開墾場では蚕室の屋根葺き用に旧城の瓦運びのさなかで、『庄内日誌』では来鶴時の調所をつぎのように記した。

（九月三日）……役人の風体たるやすこぶる異形、頭には貂《てん》の皮の帽子を頂き、身には浴衣を着、まっ赤な顔にまっ黒な髯《ひげ》をはやし、容貌すこぶる魁偉《かいい》である。……聞けば、鹿児島のお方だという。別れて蚕室に行くと、一同われさきにと畚《ふご》や箕《み》を手にし、鋤鍬《すきくわ》を携え、大声をはりあげ、騒がしく働いている。しばらくして例の役人が帰ってきてこのありさまをみて大いに驚き、かつ喜んでもいるようだ。田氏は酒樽を差し出して誰彼にとなくいう。鹿児島から来られたご使者は、君達が実に戦争よりも困難なことをやっていてみあげたものだとおっしゃっている。これは全く諸君の意中を知るものである。どうしてこれが乾杯せずにいられようか、と。……私は一杯のんで引き下がる。日はまだ高く、楽隊組の連中はいう。今日の作業は、実に人の心目を驚かし十分使者歓迎の任務を果たしたものと思う。……

調所に対する準備万端の大歓迎ぶりは事前の連絡があってのことと思われるが、松ヶ岡が調所に好意的なのは維新いらい築かれた西郷および鹿児島県士族と酒田県士族とのあいだの緊密な関係が遠因である。

翌八年四月、松ヶ岡開墾場に四棟の蚕室が落成し、はじめての養蚕に着手したころ、黒田開拓使長官から松ヶ岡幹部に、つぎのように開墾士族招請の依頼状が届き、酒田県は派遣に応ずることとなる。派遣数は当初予定一〇〇名あまりであったが、実際には二〇〇名をこえる規模となった（『鶴岡市史』中巻）。

蕪贖《ぶとく》いたし拝啓候、陳《のべる》バ北海道人民授産のため養蚕を以て緊要と存じ候あいだ、今般札幌並びニ函館へ桑田相開き候積り、ついてハかねてご県開墾の模様拝承、常々感佩《かんぱい》いたし候につき、何卒右熟練の者二百名お雇いたし、後来北海道桑田開砕の亀鑑《きかん》といたし度候あいだ、その旨ご承知ご一同へご尽力下され候ようご通達下さるべく候、この段ご依頼仕り度　早々頓首

四月廿三日（明治八年）　　　　　　　　黒田清隆

菅善太右衛門様

松平親懐様

黒田長官が松ヶ岡開墾士族に求める札幌および函館の桑園地開墾は、北海道人民の授産を目的とするとあるが、この人民とは屯田兵《とんでんへい》をさす。屯田兵はいうまでもなく、北海道の警備と開拓に従事する農民兼兵士をさす。屯田兵制度は黒田が開拓使次官時代のつぎの建議にもとづき明治六年十二月に成立したが、原案は西郷隆盛の立案とみずから披歴している（『新北海道史』第三巻　通説二）。

……旧館県および青森・酒田・宮城県など士族ノ貧窮ナル者ニ就テ、強壮ニシテ兵役ニ堪ユヘキ者ヲ精撰シ、挙家移住スルヲ許シ、札幌および小樽《おたる》・室蘭《むろらん》・函館などノところニおいて家屋ヲ授ケ、金穀ヲ支給シテ産業ヲ資クル、別紙ニ載スルところノ如クシ、非常ノ変アレハこれを募テ兵ト為ストキハ、その費大ニ常備兵ヲ設クルニ減シ、かつ以テ土地開墾ノ功ヲ収ムヘシ……

この場合、青森県が斗南《となみ》藩、酒田県が庄内藩、宮城県が仙台藩をさす。黒田長官はこれら戊辰戦争で敗れた東北諸藩の貧窮士族を札幌・小樽・室蘭・函館などに移住させて屯田兵とし、かつ士族授産による開拓を企図、当初の授産業種として養蚕と苧麻《ちよま》を予定し、明治六年年末から召募をはじめた。翌七年四月、まず二〇〇戸の屯田兵屋敷地を札幌の琴似《ことに》に定め、建設に着手した。

屯田兵屋の候補地選定に与ったのが開拓使大判官松本十郎で、松本は庄内藩出身である。養蚕授産の前提である札幌の桑園地開墾を急ぎ実施するため、実績をあげつつある郷里の松ヶ岡開墾場に依頼するよう黒田長官に進言したのも松本であったという。松本の進言が七年九月に調所広丈の松ヶ岡打診となり、翌八年四月の黒田長官による酒田県士族の札幌および函館招請に結びついた、といえよう。もちろん、それ以前、酒田県士族と鹿児島県士族とのあいだには黒田長官が招請を乞えるような、また松ヶ岡にも招請を容易に受け入れられるような信頼関係の醸成がなされていたのは、繰り返すまでもない。

松ヶ岡開墾士族の北海道渡道

酒田県では松ヶ岡開墾の中心であった六小隊を表13のように編成し、明治八年五月から約四か月にわたり北海道に派遣した。

明治八年五月二十八日、派遣六小隊は開拓使所属の玄武丸に乗船し、酒田港を出港、翌二十九日に函館の七重浜に着港、榊原組・水野組を下船させた。当日は風雨のため停泊、三十一日出港、六月一日小樽港に到着、翌二日札幌に向かった。黒崎研堂もみずから札幌開墾に従事したが、その経験をとくに「海北紀行」としたため、これを『庄内日誌』に収めた。研堂は札幌円山村の入村時の様子をつぎのように記す。

(六月二日)各隊は隊伍をととのえ、旗を掲げ、箕笠を着け、ここから〔銭函…筆者注〕札幌に向かう。道は六十里(支那里)足らずの、いわゆる、直線道で上には電信線が架けられ、左右には樹木が生いしげる。数里に一軒、十里に一村。あいだにみえる田圃がまたみな荒れている。とある長い橋の下に休

表13　北海道に派遣された松ヶ岡開墾組

(「海北紀行」)

		人数	小計	総計
札幌派遣	都筑組	30名	147名	212名
	林組	41名		
	白井組	35名		
	本多組	41名		
函館派遣	榊原組	33名	65名	
	水野組	32名		

息する。松本氏のいうには、屯田兵といってもその来るのをみると、着ている物はケバケバしく、足には革靴をはき、懦弱《だじやく》も甚だしい。願わくば諸君の質素な服装でもって彼らの目を覚ましてほしいと、それから左に折れると、林間に百戸ばかりの家が建ち並んでいる。そこが屯田兵の宿舎である。なるほど桑を後庭に植えている。役人が数人いたが挨拶する者あり、しない者あり。ここを過ぎればまた直線道。ときどき役人で迎え出る者があり、巡査兵もまた来る。円山村をすぎて左折する。ある人はいう。全村みな東田川郡、西田川郡の者である、と。これを聞いて仔細にみようとさらに行くこと四百間あまり。標示があり、「これより東、官用桑園、徴募の酒田県士の墾《ひら》く所」と書いてある。十万余坪、木立あり、雑木林あり、林を出て東の方をみると、白い塔のようなものが空高くそびえている。かたわらの物知りに問えば、これが政治堂、つまり北海道開拓本庁だという。

札幌酒田桑園の開墾

明治八年六月四日から開墾作業がはじまった。開墾予定地のうち五〇〇〇〇坪を区切り、これを四隊が一斉に荒起こしして一日でおえる。翌五日も同様な作業を行ったが、ただちに「夥《おびただ》しい野生馬の群れが疾風のように走り去り、つむじ風のように駆けて来る。……野生の馬や牛が原野に群棲するということは歴史の本では読んで知ってはいたが、いまそれを目のあたりにみようとは」という、野生馬の襲来に悩まされることになる。

野生馬の襲来は石狩原野の自然ぶりをうかがわせるに充分な光景だが、急遽、開墾予定の周囲に馬防柵を設けることになり、円山村が七月三日までに完成の約束で請け負った。馬防柵は柱七尺五寸（約二二七チセン）を九八六本、これを二間ごとに建て、総延長九八四間（約一七七一メートル）と、概算されている（「第一桑園書類　明治十一年一月農事掛ヨリ引継」〈北海道立文書館〉）。

酒田県士族は札幌では八年六月四日より九月十二日まで、函館は五月三十一日より九月二十日まで開墾に従事した。十月の事業総括書にはつぎのようにある。函館の開墾には鹿児島県士族一九名の参加があった。

【明治八年六月四日ヨリ同九月十二日まで円山村桑畑開墾地坪并に人員調】

二一万一〇九四坪余
立桑穴一万六二二
　人員一五七名　　日数一〇四日　　延べ人員一万六三二八名

【同年五月三十一日ヨリ同九月二十日まで函館大野村桑畑開墾地坪并に人員調】

八万二七三七坪余　酒田県傭
一万七八九五坪　鹿児島県夫卒
土塁・堀割四二五間余　酒田県傭
土塁・堀割五七四間余　鹿児島県夫卒
立桑穴一万二四三七　酒田県傭
切桑溝三万三八三五間　酒田県傭
切桑溝九五〇四間　鹿児島県夫卒
　酒田県人員七三名　一一三日　延べ人員八二四九名
　鹿児島県人員一九名　一一三日　延べ人員二一四七名

酒田県士族による開墾が済むと、開拓使では札幌本庁の西北二一万坪あまりの桑畑を酒田桑園と命名し、酒田県の桑苗を一四万株購入、翌九年酒田桑園に移植した。十一年酒田桑園を第一号桑園とし、十三年に札幌郡上白石村に群馬県産桑苗一万四〇〇〇株あまりを植えて、これを第二号桑園とした。

函館では酒田県士族などにより開墾された大野村一〇万坪あまりの桑園は、七恵試験場附属地とした。桑園の周囲には土塁を築き、土塁の内部は十字形の馬車道によって四区に区分し、各区には井戸を掘り、肥料置場を設け、肥培・灌漑の便とした。翌九年には上州・羽州より各種桑苗六万四〇〇〇株あまりを移植し、桑園の基本とした。

札幌の蚕室

北海道では明治四年三月、札幌郡丘珠《おかだま》村に養蚕室、亀田《かめだ》郡大野村に養蚕所を設け、岩鼻県から養蚕教師それぞれ二名、三名を雇い入れたのが、蚕室のはじまりと指摘されている。同年、丘珠蚕室では陸前・磐城より蚕種を

札幌の蚕室

上：札幌養蚕室（浜益通り蚕室），下：篠津村蚕室（『明治大正期の北海道』より）

二〇枚購入し、山桑によって養蚕を行い、製造の蚕種は東京などに販売した。その後も各種の蚕種を試養したが、七年三月、丘珠蚕室は廃止となった。八年四月、開拓使では養蚕成繭条令を制定し、蚕種改良をはかるため浜《はま》益《ます》通りに蚕室を設け、田島弥平の弟定邦《さだくに》を養蚕教師として雇用し、屯田兵に対する養蚕授産のため伝習を実施した。育法はもちろん、清涼育であった（開拓使『開物類纂』第一号）。

浜益通りは札幌本庁南側の大通りとのあいだに設けた道路で、蚕室は本庁南門を出て東側の浜益通り八丁目に建てた（高杉うめ「官営札幌養蚕場考」〈『歴史研究』二五九号〉）。浜益通り蚕室は二階建て、一・二階が吹き抜け構造、屋上に総抜気窓を構える島村式蚕室である（北海道大学附属図書館『明治大正期の北海道』写真編）。

田島定邦が開拓史の「蚕桑《さんそう》の業」興起の命を受け屯田兵の養蚕教師として渡道するのは、明治八年三月のことである（田島定邦『蚕桑余事』）。

四月には浜益通りの島村式蚕室が完成し、六月には酒田県士族による札幌桑園開墾がはじまった。この計画的な養蚕開発から判断すると、定邦は渡道後、浜益通りの蚕室建設に関与したとみられる。開拓史が島村式蚕室を採用した理由については、開拓使長官黒田は薩摩出身であったから、緊密な関係にある松ヶ岡開墾場からでも、その緊密性の基礎を築いた西郷からでも、島村式蚕室を充分知り得る立場にあったが、なによりも開拓使次官時代の明治四年三月、札幌郡丘珠村に養蚕室を設け、岩鼻県から養蚕教師を雇い入れた経験が基盤にあったからと思われる。しかし、岩鼻県のその養蚕教師が誰であったかは明らかにし得ない。

浜益通り蚕室の養蚕試験

浜益通り蚕室ではつぎのように明治九年から五か年かけて各種育法の試験を繰り返し行い、札幌の冷涼な気候のもとでは、清涼育など自然育の不適合、正熱および蒸温など温暖育の適合を立証した（大蔵省『開拓使事業報告第二編』）。

盛熱　室内昼夜平均温度華氏験温器八十度ヲ適度トシ一時間ごとニ風門ヲ開閉シ空気ヲ新陳交代セシム
正熱　同七十五度風門開閉前ニ同シ
清温　同七十度風門開閉前ニ同シ
清冷　天然気候ニ随ヒ火力ヲ仮ラス
蒸温　室内蚕架《さんか》四面ニ布幔ヲ垂レ、幔裾ニ桶ヲ置キ、水ヲ貯え、或ハ灌水器ヲ以テ水ヲ幔ニ灌《そそ》キ、加フルニ炉鑵ニ湯ヲ沸シ、断えず温気ヲ蒸騰セシメ、昼夜華氏七十五度ニ昇セ、乾湿計ヲシテ温気平常ヨリ六度ノ差ヲ生セシムルニ至ル
清冷火助　天然気候ヲ測リ、華氏五十度ニ降ルトキハ炉火ヲ用テ室ヲ煖メ、七十五度ニ昇レハ窓戸ヲ開キ、空気ヲ流通セシム
温度昇降　室内温度高極華氏八十度、低極七十度トシ、蚕児ノ眠起ニ応シテ昇降ス
乾熱　室内ノ空気ヲ乾燥シ、温度七十五度トス
寒冷　粗造ノ室中ニ於テ火力ヲ仮ラス飼育ス
重熱　炉中薪ヲ焚キ室温ヲ華氏七十五度トス

九年以降冷温二方ノ優劣ヲ試ル爰《ここ》ニ五歳、その経験ニ依レハ、札幌ノ気候ハ昼夜および晴雨ノ交、寒暖変更甚速ニシテ、験温器高低ノ差最も著シ、故ニ天然育ハ成長緩慢ニシテ、動モスレハ失敗多シ、温育ハおよそ華氏七十五度ヲ適度トシ、薪炭ノ別ナシト雖モ、炭ハ炉灰ニ埋メ、長ク温気ヲ保ツヲ以テ便トス

また田島定邦は渡道した際に、明治八年九月、開拓使からつぎのように札幌の北東、篠津𧮾（篠津太《しのつぶと》）に繁茂する自生桑について出張調査を依頼され、調査後「天賦《てんぷ》蚕桑ノ地」と、最優良な桑樹であること、自生桑は人為の可能性があることなどを報告し、またもち帰った大桑は蛆《うじ》の発生がまったくない良桑であることも確認してい

る（『続養蚕新論』）。

明治八年九月、余命ヲ奉シテ札幌ヨリ対雁村《ついしかり》ノ山林ニ入リ、天然桑樹ノ葉ヲ採リその種類ヲ試ミントス、独木舟ヲ雁来村《かりき》ニ僦リテ豊平川ヲ下リ六里、対雁ニ至テ石狩川ニ入ル、村人某ヲ雇ヒ桑樹ノアルところヲ探討シテ、深ク篠津瀦ニ入ル、瀦ノ両崕皆桑ナリ、その桑数種ヲ採ラシメ精良ニシテ尤も大ナルモノヲ検スルニ、葉ノ長サ一尺二寸幅八寸ニいたルモノアリ、ここにおいて歎ジテ謂《おもえ》ラク、およそ世ノ蚕桑ニ従事スルモノ終歳力ヲ尽シ、その名法ヲ斟酌《しんしゃく》シテ桑ヲ培シ、蚕ヲ養ヒ日ハ一日ヨリ進ミ、蚕桑培養いたラザルところナキモ、この如キ大桑ニシテ能ク潤沢ヲ含メルモノアルコトナシ、これ真ニ天賦蚕桑ノ地ト謂フベキナリ

……

開拓使は明治九年三月、篠津太にも蚕室を設けた。同地方に豊富な自生桑による養蚕を企図したのであろう。篠津太の蚕室は入妻式二階建て、屋根に抜気窓を三個構える島村式蚕室である。同蚕室の建設にも篠津太自生桑の調査報告を行った田島定邦の設計関与などがあったと思われる。

こうして北海道札幌の地にも、養蚕教師により島村式蚕室が伝播した。しかし、同蚕室の数年にわたる育法試験は、札幌の冷涼な気候が島村式蚕室の核心である清涼育を不適とする結果を明らかにしたのである。この冷涼な気候は酒田桑園にも影響し、養蚕に堪えるようになった明治十一年以降でも桑樹の育成は不良で、明治十五年には二一万坪あまりのうち六万九五〇〇坪あまりを緬羊場《めんよう》とした。十七年には桑園貸与規則を設けて民間人に貸しつけ、十九年からは官営を廃止して、事業は民間に払い下げとなった。

6 養蚕伝習所と養蚕教師

桑拓園の養蚕伝習生

田島弥平の桑拓園が実質的に養蚕伝習所の機能を有したことは、すでに触れた。桑拓園で養蚕労働に従事した外来者は、明治十二年五八人、十三年五三人、十四年九九人と多数確認できるが、桑拓園では伝習を乞う者を「養蚕修行生」として受け入れている。この修行生という名称からも、桑拓園が実質的な養蚕伝習所であったことが判然とする。

もっとも、養蚕修行生に教科や教程があったわけではない。蚕種の生産過程、つまり清涼育法や製種はもちろん、桑畑の栽植法にいたるまで、すべてが修行現場であり、直接的な労働を通して経験的に養蚕技術を修得する実習教育が主であった。

桑拓園における明治十二年から三年間の養蚕修行生は、表14の二六名である。

福岡県の伝習生

これを府県別に集計すると、福岡六人、石川三人、静岡三人、山形・宮城・茨城・群馬・埼玉・千葉・長野・愛知・三重・和歌山・兵庫・高知・大分・長崎の各県一人と、福岡県からの養蚕修行生が断然多い。

福岡県では明治九年に勧業課を設け、勧業の目的を「民産ヲ増益シ、国家富饒《ふじょう》ノ基礎ヲ立ル」とした。そし

表14　桑拓園における養蚕修行生

年	番号	住所	氏名	族籍	期間
明治十二年	①	山形県西田川郡鶴岡家中新町	中村正直	士族	四月二十二日～
	②	福岡県早良郡入部村	戸川直		四月四日～
	③	静岡県富士郡岩本村	山崎継造		四月十八日～
	④	和歌山県西牟婁郡串本村	森島岩之助		四月二十八日～
	⑤	石川県砺波郡石丸新村	吉田和一郎		五月三日～
	⑥	三重県員弁郡平古村	相沢周次郎	平民	九月十七日～
明治十三年	⑦	宮城県伊具郡角田本郷北町	小野たか		一月一日～
	⑧	大分県北海部郡戸室村	乾命	士族	一月十八日～
	⑨	石川県坂井郡丸岡霞町	山川敏	〃	三月二十九日～
	⑩	〃	緒方正	〃	〃
	⑪	静岡県敷知郡大知波村	岡部竹治郎	平民	四月十八日～
	⑫	愛知県渥美郡豊橋駅曲尺手町	中山慶治郎	〃	四月二十二日～
	⑬	福岡県福岡区福岡地行東町	小川義彦	士族	四月二十六日～
	⑭	長野県伊那郡飯島村	平沢与市		〃
	⑮	兵庫県楫西郡龍野日山	森下四郎	〃	四月二十九日～
	①	山形県西田川郡鶴岡家中新町	中村正直	〃	四月十六日～
	⑯	茨城県結城郡多摩村	生井栄治		五月十一日～
明治十四年	⑰	福岡県夜須郡野鳥村	上野正衛		三月十四日～
	⑱	長崎県北松浦郡平戸村	坂尾鶴太郎		五月一日～
	⑲	群馬県東群馬郡前橋矢田町	栗山忠太郎		五月六日～
	⑳	埼玉県埼玉郡中種足村	石塚勘次郎		〃
	㉑	千葉県市原郡瀬又村	木村庸太郎		〃
	㉒	福岡県下座郡平塚村	松村新助		〃
	㉓	高知県幡多郡中村	沖良賢		五月十一日～
	㉔	福岡県夜須郡野鳥村	吉田岩熊		五月十五日～
	㉕	福岡県夜須郡甘木四日町	高山文蔵		〃
	㉖	静岡県駿東郡日守村	桜井小十郎		六月二日～

て、明治十一年からは養蚕生徒の養成策をつぎのように実施し、養蚕業奨励費を計上している。

十一年ニ於テ点々ノ有志ヲ召集シ、養蚕会議ヲ開キ、内外生徒養成ノ事ヲ決シ、外ハ上州ニ向テ年々三名ノ生徒ヲ派出シ、内ハ各有志ニ就テ初生生徒ヲ養成シ、……十三年ニいたりテハ内外卒業生徒ヲ増スノミナラズ、有志ノ与論モ大ニ進歩シ、上州ノ養法ヲ講シ尽シ、奥州火度ノ論ニ移リ、派出生徒ヲ福島ニ向ハシム

これから、桑拓園が受け入れた福岡県の養蚕修行生六人とは、福岡県勧業課が上州に派出した年三人の県外養蚕生徒たちであったことが判然とする。福岡県が清涼育

について温暖育の導入を試行しているところから、養蚕生徒派出の目的とは、養蚕先進地における養蚕法を県内に移植する指導者を養成すること、すなわち養蚕教師の養成にあったと考えられ、弥平が養成の養蚕教師を務めたのである。

この福岡県による養蚕伝習生の派遣は、養蚕奨励費という勧業費目からの拠出であるから、当該期における府県勧業政策の一例である。

石川県の伝習生

石川県の場合、府県勧業政策による養蚕教師の養成がより明確に判明する。石川県では明治十二年の勧業事業として「養蚕製糸改良順序」を定め、養蚕教師の養成について、つぎのように明らかにしている。

近来、養蚕執心者続々として出て駸々《しんしん》として進むも、あるいはその進路に惑うものあり、故に仮に先進の人によりその便利を与えんとす、その便利を与えるの捷径《しょうけい》たるほかなし、有志者をして該業盛大の地にいたりてその実況を目撃し、かつ現業に従事せしめハ果して多少の感覚を生すべし、感覚するところあらば必ず奮発するところあるべし、その発奮して本業の改良に熱衷勇進するの勢力を助け、漸次これを一般に伝播せしむるにあり、その盛大の地方ハ奥州・上州・信州を以て第一とす、これによりて明治十一年より当分年々篤志願望の者を彼の三州に派遣し、実地に伝習せしめ、以て当県養蚕改良の起因となす……

このように、石川県では、有志者を養蚕の先進地でかつ盛大な奥州・上州・信州に派遣し、その地で実地の伝習を受けさせることで養蚕教師を養成、かれらをして石川県内で養蚕を志す者の指導にあたらせ、養蚕改良の起因とする、と高らかに宣言している。もちろん、該地での伝習費は県勧業費目からの拠出である。それに、近い将来に養蚕教師となる伝習生を相手に養蚕教師の役割を務めるのは、これら三地に属する有力な蚕種家であり、かれらの多くは豪農であった。

石川県の伝習生派遣事業は明治十一年よりの着手とされるが、同十三年度の伝習地・養蚕教師および派遣伝習生・その出身地が表15のように判明する。もっとも、養蚕教師の実際の呼称は「授業師」とある。島村の田島武平は群馬県蚕種大総代の経験があり、梁川《やながわ》町の中村佐平治は福島県蚕種大総代の初代候補者である。掛田《かけだ》村の管野平右衛門は明治四年に蚕種青熟を創製、七年には蚕種世話役、八年には掛田組を設立し、優良蚕種の製造と粗悪品の弊害防止に努めた人物である。

石川県の伝習生派遣さきにはないが、長野県小県《ちいさがた》郡上塩尻《かみしおじり》村の蚕種大惣代藤本善右衛門は、明治六年に塩尻均業社の創立にかかわり、同社の嘱託により伝習生の養成に努め、各地から集まる伝習生に対し桑樹栽培・養蚕・蚕種製造技術などの実地指導を懇切に行ったという。

明治十三年石川県の三地派遣者の一覧には、やはり十三年に田島弥平の桑拓園に学んだ石川県丸岡霞町の山川敏・緒方正両人の名がみとめられない。しかし、出身地も族称も伝習開始時期も同じくする両人が、石川県伝習生派遣事業とかかわりのあることは間違いないと考える。

桑拓園の養蚕修行生のうち伝習費を「自費」でまかなったのは、大分県の乾命と静岡県の岡部竹治郎の二人だ

表15　石川県の伝習生派遣（明治十三年度）

伝習地	授業師	伝習生	出身地
福島県伊達郡梁川町	大竹宗兵衛	宮崎虎一郎	砺波郡今石動町北上野町三〇番地
〃		中村市五郎	砺波郡越前町三七〇番地
福島県伊達郡掛田村	管野平右衛門	伴俊	大野郡上元禄町甲三番地
福島県伊達郡梁川町	中村佐平治	土田貞	江沼郡大聖寺町仲町
群馬県佐位郡島村	田島武平	林恒男	江沼郡大聖寺町耳聞山町
長野県上水内郡大豆島村	轟小三郎	井家宗兵衛	能美郡別宮村

けで、ほかは、各県とも養蚕伝習生の伝習費は公費負担であった。ここから公費の拠出は福岡県や石川県の場合と同様、各県とも養蚕奨励のための勧業費の可能性が大である。したがって、桑拓園の養蚕修行生とは、養蚕奨励のための養蚕教師養成という府県勧業政策の一環であったことが明白である。

内務省の殖産興業

内務省は明治六年十一月の創設、初代内務卿は大久保利通である。翌七年一月制定の内務省官制では、内務省に勧業・警保・戸籍・駅逓《えきてい》・土木・地理および測量と六寮一司をおき、勧業と警察行政を主要事務とし、なかでも「人民産業の勧奨」を掲げて、内政上の勧業優先を明らかにしたが、勧業事務では農業・製茶・牧畜・開墾・製糸・紡績などのほかに、博覧会・共進会事業、海外貿易などの殖産興業を所管したのである。

明治八年十一月、内務省は「府県職制並びに事務章程」を制定、地方官職制のひとつに勧業を掲げ、府県に勧業課を設け、殖産興業の事務に専念する部局と位置づけた。ここに内務省から府県にいたる行政組織のもと、地方の産業事情に対応した殖産興業の遂行される端緒が開かれた。

明治十年は年初から九月末まで、南九州を舞台に西南戦争が戦われた。反政府軍の領袖《りょうしゅう》はいうまでもなく西郷隆盛である。いっぽう、同年八月から十一月にかけて、東京の上野公園を舞台に内務省による第一回内国勧業博覧会が開催された。

内国勧業博覧会は民業振起をうながす企図をもち、内務省の指示のもと、「全国一般農工商ノ諸業ヲ勧奨シ、将来各地ノ物産ヲシテ一大繁殖ナラシメン」として、明治九年八月ごろから府県の勧業課などが中心となり、管内物産の悉皆調査、出品人の慫慂《しょうよう》、詳細な出品解説書の作成など、周到な準備を尽くし実現にいたったことが、神奈川県西・南・北多摩三郡の出品物を分析した事例を通し、すでに筆者により実証されている（『日の出町史』通史編　下巻）。

内務省は警察行政と殖産興業を主要な省務としたから、内務卿大久保は親友であった西郷を城山で自刃に追い込み、かつ内国勧業博覧会を開催して出品数八万点あまり、入場者数四五万人をこえる大盛会に導いたのである。しかし、西南戦争の戦費は膨大な不換紙幣を発行する主因となったため、以後、国内経済は激烈なインフレに巻き込まれてしまう。

明治十一年七月、「郡区町村編制法」「府県会規則」「地方税規則」のいわゆる三新法を公布、選挙制による地方議会が設けられ、府県民をして府県政に参加させる地方自治制度がはじまった。各府県の殖産興業にも、民意の反映される機会が増大した。三新法の策定にも内務卿大久保は深くかかわった。しかし、同年五月、大久保は不平士族の凶刃に倒れてしまい、三新法の関与は半途におわった。

明治十四年の政変で登場した大蔵卿松方正義《まつかたまさよし》は、不換紙幣の整理など強力なデフレ政策を実施し、苛烈なインフレを終息させ、農商務省を発足させて内務省の殖産興業の事務を移した。

各地の養蚕伝習所

明治八年の「府県職制並びに事務章程」から内務省が殖産興業事務を手放す同十四年までの七年間、つまり内務省の殖産興業期に各地に設けられた養蚕伝習所は、つぎのように明治十年の愛知県をはじめとして八府県一九か所が確認される。

① 愛知県

明治九年、三千坪ノ桑園ヲ設ケ、翌十年、また三千坪ヲ増加シテ六千坪ト為シ、諸国ノ良桑ヲ蒐集栽培シテ、その良否ヲ検シテ、養蚕家ノ需要ニ応シ、同年養蚕教師ヲ上野ノ国ヨリ雇聘《こへい》シテ、県立養蚕伝習所ヲ設置シ、県下養蚕家ノ子弟ヲ募集シテ、養蚕業ヲ練習セシム

しかし、桑園・養蚕伝習所とも、具体的な設置場所は不明。

② 宮城県

〔宮城県〕は大いに決する所あり、養蚕奨励振興に努めたが、養蚕家の要望で明治十年春、仙台市大町一丁目に養蚕試験場を設置した。勧業係員を主任とし福島県より教師を聘《め》し、士族並びに県内蚕業篤志者を募集し、食費および旅費を支給し、飼育技術の伝習と同時に蚕品種の比較試験を実施させ、この成績を発表して養蚕業者の参考に供したのである

名称は養蚕試験場であるが、内実は養蚕伝習所である。

③ 石川県

〔明治十年〕鳳至《ふげし》郡櫛比《くしひ》村において群馬県より飯山正造を聘し、同地星野保五郎ら合資にて養蚕伝習所を設けたり

④ 福井県

若狭《わかさ》にては明治十一年、小浜《おばま》の人藤田源吉・木下権二・小沢孫平の三人滋賀県にいたり、同県の技師大橋渡〔福島県梁川の人〕について温暖育を伝習し、帰国の上旧小浜藩の倉庫を以て養蚕伝習所を開く

京都府の養蚕伝習所

⑤ 京都府

京都府立の養蚕伝習所が明治十二年に宮津《みやづ》町に設置と判明するまでには、つぎのような考察を要した。明治十七年の農商務省七等属高橋信貞による「京都滋賀兵庫ノ一府二県巡回復命書」(『農務顚末』第三巻)は、京都府ほか二県下の蚕糸業調査復命書であるが、京都府の項につぎのようにある。

山城《やましろ》国ハ養蚕ノ業ヲ為スモノ甚ダ少ナシ、上京区十五番組藁屋《わらや》町ニ浅田豹作トいうモノアリ、蚕業ニ篤志ナリ、先年上州ノ田島弥平この地ニ来リシトキ就テ清涼育ヲ学ヒ、数年実験ノ末大ニ得ルところアリ、もっぱ

ラ蚕業ノ拡張ヲ企図シ、養蚕書ヲ著シかつ三丹州《さんたんしゅう》ニ遊説ヲ試ミタルヨリ、州中コノ育法ニ倣《なら》フモノ今猶存セリ、現今ノ蚕室ハ原ト府庁ノ創設ニシテ、勧業課員森本盛親ナルモノ、経営ニ係ルトいフ、府庁これを民業ニ移スニ由リ、豹作これを経営ス、本年飼養ノ原紙ハ僅ニ五枚ナレトモ、例年十有余枚飼養シ来レリトソ、コノ蚕室ハ清涼育ニ適セル造構ニシテ、六間ニ十五間ノ大厦《たいか》ナリ、而《しか》シテ刈桑仕立ニシテ上信奥三州ノ良桑ヲ交ヘ植タル三丁五段歩ノ桑園これを囲繞《いにょう》セリ、なお城郭内ニ七丁歩余ノ桑園ヲ所有セリ、蚕室ノ大桑園ノ美本府管内ニ冠タリ

京都府上京区藁屋町に居住の浅田豹作が経営する梁間《はりま》六間・桁行《けたゆき》一五間の蚕室は、清涼育に適う構造であるから島村式蚕室であろう。蚕室は浅田が払い下げを受けたもので、前経営者は京都府勧業課員の森本盛親、創設したのは京都府であった。だが復命書からは、蚕室がいつごろどこに設けられたのか知ることができない。

田島弥平は明治十二年刊行の『続養蚕新論』中で、「西京府下浅田豹作・野村揆一郎らノ両三名ニテ養蚕会社ヲ結立シテ、桑田若干ヲ新開シ、予ガ養法ニ倣ハントテ頻《しき》リニ養蚕教師ヲ請フニ由リテ、門人鹿島富五郎ヲ遣セシニ、養蚕果シテ豊熟ス」とし、浅田らを教示した養蚕教師は門人の鹿島富五郎であった、と書き記している。弥平は自身の上京有無について自著のどこにも触れておらず確認できない。しかし、浅田らの養蚕会社に養蚕教師を派遣した時期は、自著を刊行した明治十二年以前であることが明白である。

『三丹蚕業郷土史』では、旧宮津藩士山本精左衛門らが明治八年に宮津城本丸跡の払い下げを受け、宮津監獄署の囚人を雇い同地を開墾して牛蒡《ごぼう》や馬鈴薯《ばれいしょ》を試作したのち、桑園の開発に成功し、明治十一年には、「武州田島弥平の高弟、加島慶作氏を聘して清涼育を学び、上州座繰《ざぐり》の伝習を受けた」としている。ここでも招聘した養蚕教師名はことなるものの、復命書にある浅田所有の「城郭内ニ七丁歩余ノ桑園」が、明治八年の払い下げ後に開発された宮津城本丸跡の桑園であって、浅田らが宮津町で上州の養蚕教師から清涼育の伝習を受けた時期も明

治十一年であったことが明確となる。

『京都府蚕糸業史』には、明治前期の京都府蚕糸業について「十年の頃にいたり各地に改良の気運が盛りあがり、府は技手を巡廻させ督励、十二年には、養蚕伝習所を設け、群馬県人を教師に採用し、専ら子弟の養成に努めた」とある。この十二年創設の京都府立養蚕伝習所が、のちに浅田の所有となる島村式蚕室に相当し、同蚕室が京都府で最初に清涼育伝習を受けた宮津町の宮津城本丸跡辺にあったことが明らかとなる。

石川県の養蚕伝習所

⑥　石川県

〔明治十二年〕石川県告示四番の公布にもとづき大聖寺《だいしようじ》町において養蚕伝習所を設置し、各自の宅を以て伝習所に充て養蚕製糸の道を教ふ

「按」これ前年大聖寺町に起せし蚕業会社に対し、補助政策などの方法により経営せられたるものならんか、審ならず

さきに紹介した石川県の勧業政策で施行される「養蚕製糸改良順序」では、

明治十一年より年々彼の三州において伝習を卒《お》へしものハ有志者これを聘して、翌年より養蚕教師とするを得へし、これにつて伝習するもの各家に巡廻を仰くと、有志者集合して伝習所を設くるとの二種に分つ、これを紹介するハ勧業用掛などの与へるところとなす

とし、養蚕先進地に派遣し養成された養蚕教師から伝習を受ける方法として、有志者の各家が巡廻を仰ぐ場合と、有志者が集合して設ける伝習所で伝習を請う場合を想定し、前者では巡廻教師の日当は県の負担とし、後者では上等桑苗一〇〇本以内の貸与、蚕具新調代価春蚕一期限り無利一〇〇円の貸与、伝習二期目に一〇円補助などの特典が用意された。これにより、明治十二年の大聖寺町養蚕伝習所は前者によったことが明瞭で、石川県の養蚕

奨励という勧業政策の成果に位置づけられる。

「養蚕製糸改良順序」では養蚕伝習所を設ける場合、一か所の人員は三〇人ほどを限度とし、蚕種五分つけ一〇枚の飼養を目的にし、かつ伝習所はなるべく衆人の目撃しやすいことを要するとして、「養蚕伝習所」と記した幅七寸・長さ四尺の看板を軒下などに掲げる義務があった。かつ伝習所は「湿気を避け空気の疏通すること肝要」と、設置にあたっての注意もうながした。空気疎通の重視には、清涼育の影響がみとめられる。

明治十三年に石川県の補助を受けて県内に設置された養蚕伝習所は、表16の八か所である。製糸伝習所費として最高額二〇円の教師給補助があり、この合計が一二〇円あまりである。製糸伝習を実施した伝習所も存在したことになる。蚕具新調のための貸与金は合計三〇〇円、春蚕時に五人の養蚕教師を派遣して各所を巡廻させ、実地について飼育指導に従事させた。

なお、明治四年七月の廃藩置県で置県される富山県は同年十一月の改置府県で新川県《にいかわ》となり、九年四月石川県と合併し廃県、十六年五月に再び富山県が置かれる。したがって、九年四月から十六年五月のあいだ富山県域は石川県に属する。

表16　石川県内に設置された養蚕伝習所

設置地域	所長	補　助
砺波郡下梨村(富)	水上善三郎	二〇円
砺波郡南大豆谷村(富)	高田彦次郎	〃
大野郡勝山町	小木祐長	〃
鳳至郡門前村	星野保五郎	一四円(ほかに蚕具新調代一〇〇円)
金沢区	村井依賢	〃(〃)
石川郡吉野村	小寺弥平	〃(〃)
婦負郡八尾町(富)	橋爪次郎作	一〇円
鹿島郡武部村	卜部治吉	桑苗三〇九本

砺波《となみ》郡下梨《しもなし》村では四月から七月までのあいだ下梨小学校に養蚕伝習所を開設、生徒は二〇人、県補助二〇円のほかに、生徒負担八円五〇銭と所長である水上善三郎の自己負担分があった。養蚕教師は石川県派遣の養蚕伝習生として奥州で温暖育を学んだ、大山仙蔵である。水上善三郎は弘化三年

（一八四六）、下野・上野・信濃の養蚕地域を歴訪し、嘉永三年（一八五〇）には上州島村の田島弥平について養蚕の実技指導を受けた。その際、蚕種の「鬼縮」「新中姫」を譲り受け、翌年これを郷里の有志一六人に配付して飼育させたところ、案外よい成績を得たところから、以後は毎年弥平のもとに通い蚕種を買い求め、これを郷里の人たちにも配付して郷里に養蚕を慫慂した蚕種家であり、豪農である。弥平とは嘉永三年の実地指導いらい長い交流があり、ここにも弥平の影響をみとめることができる。

八尾町の橋爪次郎作が自町の蚕糸業を興隆させる源泉を伝習に着目したのは明治十年のことで、翌十一年には広島清四郎らを福島・群馬県に遊学させ、その卒業を待って同十三年、自宅裏に私費を投じて蚕室を建設、養蚕伝習所を開設してみずから所長となり生徒を指導したとされるから、橋爪は養蚕教師ということになる。蚕室を養蚕伝習所として伝習をはじめるに際し、石川県から伝習所費一〇円の補助を受けた。

橋爪次郎作は明治五年、新川県蚕種大物代の武部尚志が病気のため大物代代理を命ぜられ、「生糸仕立方取締役」も兼務し、翌六年に蚕種大物代の任命を受け、蚕種取り締まりに従事したという。明治六年四月の全国大物代会議段階では新川県大物代は武部尚志、世話役一五人、蚕種家二七七人だから、橋爪の大物代就任は同年四月以降となるが、新川県を代表する蚕種家であり、豪農であることは間違いなく、かれのもつ優れた養蚕技量は石川県時代にも引き継がれたであろう。橋爪はみずからの技量を郷土の蚕糸業興隆に生かすため、明治十一年からはじまる石川県の養蚕伝習所費補助による勧業政策を受容し、新設した蚕室を養蚕伝習所とし、養蚕教師になったと考えられる。

岐阜県の養蚕伝習所

⑦　岐阜県

〔明治十四年度管内養蚕伝習所実況〕県会ニ於テ議定スルところノ、本年度管内養蚕伝習費金千零三十円ヲ以テ管内適応ノ地、すなわち美濃国不破郡垂井村《みのふわたるい》、羽栗郡松倉村《はぐりまつくら》、武儀郡金山村《むぎかなやま》、恵那郡岩村《えないわ》、飛騨国吉城《ひだよしき》郡古川町《ふるかわ》ノ五箇所ヲ撰定シテ、該伝習所ヲ開置シ、教師五名、すなわち上野国ヨリ三名、武蔵国ヨリ一名、管内ヨリ一名ヲ雇聘シテ、各伝習所ニ配置シ、教師および生徒心得などノ法則ヲ制シ、男女十五歳以上ノ生徒ヲ募集シ、養蚕ノ方法ヲ伝習セシメタリ

岐阜県内に五か所もの養蚕伝習所が設けられた。これは岐阜県議会の決議を経て行われた養蚕奨励のための施設であり、勧業政策の一環であることは明らかである。

福島県の養蚕伝習所

⑧ 福島県

福島県伊達郡《だて》は江戸時代、奥州蚕種本場の中心地であった。同郡掛田村の管野平右衛門《すがのへいえもん》は明治七年に蚕種世話役となり、十三年、石川県派遣の養蚕伝習生を受け入れた有力な蚕種家であり、豪農である。管野ら掛田村の有力蚕種家は共同し、十四年四月、つぎのように養蚕伝習所の開設を県庁へ申し立て認許を受けた。掛田村伝習所の開設理由からは当該期、養蚕先進地の福島県に石川県が派遣したと同様な伝習希望者の多数殺到する様相をうかがうことができる。届書に名のある菅野体右衛門は、管野平右衛門の縁者であろう。「掛田村郷土誌」には同伝習所の発起人に、管野平右衛門・安田利作・大橋伊三郎・大橋済の四人を載せる。

私立養蚕伝習所設立の儀につきお届

我カ伊達郡ハ古来ヨリ養蚕ノ業ニ富ミ、名声随テ盛ナルヲ以テ、全国各府県ヨリ来テ伝習ヲ乞フモノ年一年ヨリ増加シ、その人員ノ夥多《かた》ナルこれを教エル家ナク、空《むなし》ク帰途ニ就クモノアルニいたる、その業ニ熱心シ数百里ノ遠キヲ違トセスシテ来ル者ニシテ、この如き難苦ヲ与《あたえ》ル、養蚕ノ名ヲ博取セシ国ニシテその名何レニアルベキヤ、実ニ地方人ナシト云フノ誹《そし》リヲ世上ニ招クニいたる、必然免レ難キ憂アルニ由リ、今般有志

ノ輩ト力ヲ戮《あわ》セ、これらノ人ニ満足ヲ得セシメ、かつ養蚕受業者ノ速成ヲ謀ランため伝習所ヲ設立シ、本年ヨリ施行仕候、別紙授業規則書相添、この段お届におよび候なり

明治十四年四月八日

岩代伊達郡掛田村

字中町十九番地

発起人　安田延作　㊞

安田常作代印

字中町十八番地

同　大橋伊三郎　㊞

字中町二十八番地

同　大橋重左衛門　㊞

字中屋敷五十七番地

同　菅野体右衛門　㊞

右戸長　門守　祝　㊞

福島県令山吉盛典殿

届書に添付の「私立養蚕伝習所規則」によれば、入場者は定員五〇人、族籍の別なく一三歳以上四〇歳以内の男女、授業は養蚕飼養法・蚕種製造法・生糸製造法・桑栽培法・桑畠耕耘法の五つだが、「養蚕飼養法についてハ受持ヲ定メ、蚕虫孵化《ふか》ノはじめヨリ収繭までノ就業ヲ担当セシム」、「入場者受業期限ハ毎歳春蚕ノ現業おわるヲ待テ解クモノトス、但製糸ノ業ヲ学フ者ハ引続キ在場ヲ許ス」としており、伝習者は春蚕の開始から終局まで

実地に養蚕飼養法を学び、生糸製造法は春蚕後に希望者のみに実施し、そのほかの課程は飼養に比較的暇がある三眠以前に、口演《こうえん》などで行う予定なのであろう。実地の伝習は、「就業ノ余間、他家ノ蚕室ニいたり、その飼養法ヲ見ント欲スル者ハ必ス授業師又ハ幹事ノ許ヲ請フヘシ」、「猥《みだ》リニ蚕室ヲ離レ喫烟談話スヘカラス」などから判断して、発起人の蚕室を伝習所とし、発起人みずからが「授業師」という養蚕教師を務めるのである。

掛田村の伝習所では伝習費を原則、無料としている。無料のわけは、「入場者ハ現業ニ従事シ、これカ使役ニ預カルヲ以テ、受業資ヲ要セス、尤モ賄および寝具炭油ヲ除クノほかハ悉皆自弁トス」と、生産の現場に労働力を提供するから、としている。石川県の「養蚕製糸改良順序」でも、「伝習人往復旅費十里詰一日二十五銭を給す、滞在中師家の養を受けるものハ日当を給せす」と、日当が養蚕教師家での賄い費、つまり伝習費に相当することを暗に示している。掛田村の伝習所では、伝習者は蚕種家の蚕室で蚕種家を養蚕教師とし、蚕種家の自営にかかる蚕種製造の過程において、養蚕の飼養労働に従事しながら体験的に飼養法を学ぶわけで、労役の対価は伝習費で相殺されるところから、伝習費を無料としたのであろう。

蚕種業から養蚕業へ

養蚕は目的により種繭用と糸繭用の別があることは、すでに指摘した。種繭用は蚕種生産のための養蚕であり、主に蚕種家が従事する。糸繭用は生糸を取る繭を生産するための養蚕で、養蚕農民が普通に行う養蚕業そのもののことである。

明治初期に養蚕といえば主に蚕種の生産をさした。養蚕家とは養蚕農民のことではなく、養蚕巧者である蚕種家と同義語であり、養蚕場とは蚕種の盛業地をさす異称で、明治四年にはじまる栃木県の各養蚕場、同じく五年の山形県松ヶ岡開墾場、八年の北海道酒田桑園などの養蚕場開発などは、当初はいずれも蚕種生産を目的のひとつとした。当期に養蚕といえば蚕種の生産をさした理由は、いうまでもなく蚕種の輸出が好調だったからである。

しかし、欧州の生糸国が蚕病を克服して養蚕業が回復基調に入ると、日本の蚕種輸出額は明治六年の三〇六万円を最高額に、蚕種大物代制が機能しなくなり、出荷調節のため蚕種の大量焼却を行った七年には七三万円、翌八年四七万円、九年一九〇万円、十年三四万円、十一年六五万円と減退した。九年には減税の効果で少し上向いたものの、十年には再び蚕種の大量処分を実施しなければならないほどで、輸出蚕種を規制する意義は喪失した。内務省は明治十一年五月、蚕種製造組合条例を廃止し、輸出蚕種の規制を全廃した。輸出減退の過程で、当然、蚕種家は自営を縮小したり、養蚕を主業にしたり、養蚕場や養蚕開発場などでも縮小や養蚕業に転業するところが続出した。内務省の殖産興業期に、養蚕の主流は蚕種生産から養蚕業に移行したのである。

内務省殖産興業期に確認した養蚕伝習所のうち、四つが府県立で、石川県は設立補助制度を設けた。これら府県では、愛知県「養蚕家ノ需要ニ応シ」、宮城県「養蚕家の要望」、京都府「各地に改良の気運が盛りあがり」、石川県「近来、養蚕執心者続々として出て」などと、明治十年ごろから、各地に「需要」、「要望」、「改良」、「執心」といったかたちで、農民による養蚕開業の気運が湧き立った、と伝えている。明治十年には、内務省が民業振起をうながす目的で内国勧業博覧会を開催し、大盛会であったことはすでにみた。各地にみられる養蚕開業は内国勧業博覧会の開催効果にちがいなく、わずかな事例として見落とすわけにはいかない新しい胎動である。そして、養蚕の主流が蚕種業から養蚕業に反転する時期も、内国勧業博覧会が開催された明治十年に求めることができる。

つぎに各府県とも養蚕伝習所は、養蚕開業に必要な養蚕技術の伝習施設とし、岐阜県が「県会ニおいテ議定スル所」と明言するように、三新法以降においては、府県会の議決を経た府県民意に応える伝習施設としている。つまり、府県立などの養蚕伝習所は、養蚕開業の民意に応え養蚕奨励を企図する府県の殖産興業に位置づけられるのである。

府県立などの養蚕伝習所を設けた五府県は、養蚕技術の上では後発県に属する。したがって、養蚕伝習所で授業生の農民を相手に蚕の飼養技術を教える養蚕教師は、いずれの府県も群馬・福島・長野・埼玉など江戸時代から養蚕が盛んで、高度な蚕育技術をもつ先進県に求めている。先進県のなかでも最先進地と目されるところは、群馬県では佐位《さい》郡島《しま》村、福島県は信達《しんだつ》地方、長野県は小県郡上田地方、埼玉県は旧入間《いるま》県域（武蔵国六郡）の蚕種盛業地であった。

これらの地で直接的に招聘を受け、あるいは養蚕伝習生受け入れるなどの間接的な方法で、後発県の求めに応じ養蚕教師となったのは、田島弥平の桑拓園、福島県伊達郡掛田村の私立養蚕伝習所、石川県の養蚕伝習生派遣先などに明らかなように、多くはかつて蚕種大惣代や世話役などの経験をもつ有力な蚕種家たちであり、豪農たちであった。かれら豪農養蚕教師は養蚕技術に長けていたがゆえに、蚕種生産が主流の時代には養蚕教師の役割を与えられたのみで養蚕奨励に貢献したが、養蚕業が主流に移行すると、府県の殖産興業に応えて「授業師」なる名実ともに備わる養蚕教師として、養蚕業の奨励に寄与することになったのである。

明治十年の第一回内国勧業博覧会を転機として、養蚕の主流は蚕種生産から養蚕業に傾斜した。養蚕業が主流となる時期にあって、府県立などの養蚕伝習所は、養蚕開業を求める府県民意に応え、養蚕業の奨励を図る殖産興業施設であり、伝習所において養蚕技術を伝える主体となったのは直接的にも、間接的にも、豪農養蚕教師だったのである。

青山ご所の蚕室

明治十二年、東京の青山ご所に設けられた蚕室は、田島弥平の設計にかかるといわれているが（『日本蚕糸業史』第一巻）、蚕室建設までの概略は「青山ご所養蚕日誌」（田島健一家複写文書）にあり、確認することができる。この養蚕日誌は内容と書体から判断して、宮内六等属の鴨脚光長《いちょうみつなが》がしたためた養蚕日誌を、弥平が写し取ったと考えられる。

三月十四日　鴨脚光長、内務少書記官佐々木長淳《ささきながのぶ》両名、養蚕ご用を申し受ける
〃　十五日　蚕室地所を「権田原より茶畑ノなか」に治定、蚕室絵図面などのため鴨脚勧農局試験場へ出張
〃　十七日　養蚕所下絵図でき、出張にて絵図面商議を決定、養蚕人は田島弥平に申しつけ、鴨脚掛け合いのため出張決まる
〃　十九日　鴨脚勧農局に依頼の桑苗一〇〇〇本受け取りのため人夫差し出し
〃　二十二日　弥平、鴨脚同伴にてご所に出頭、養蚕人、新築蚕室の件など示談
〃　二十四日　弥平出頭、蚕室の模様かえ、附属建物など決定
〃　二十六日　炉据所《ろすえどころ》の尋問あり
〃　二十七日　鴨脚群馬県庁に出張、田島弥平の養蚕ご用および養蚕人雇いなどの件
〃　二十八日　蚕者休所、諸役所、便所場所など評議、桑植えつけ方決定、地均し相談
〃　三十一日　鴨脚ら建築場巡検、蚕室土台据はじめ
四月四日　諸役所・蚕者休所水盛、桑植えつけはじめ八〇〇本
〃　七日　鴨脚ら養蚕所四方へ葭簾《よしず》設け方申し談じ
〃　八日　養蚕所井戸掘りはじめ、蚕者休所の地形はじめ
〃　十一日　弥平本日より一〇日間暇《いとま》を乞《こ》い帰県
〃　十五日　蚕者休所土台据はじめ、諸役所地形地均しはじめ
〃　十六日　井戸掘り側入りなど出来

〃　十八日　内務少書記官佐々木長淳養蚕ご用掛となる、蚕室屋根瓦葺《ふ》きはじめ
〃　十九日　弥平帰京、蚕籠四〇〇枚、木鉢一個、蚕網三〇疋莚包一個、竹網八〇〇枚莚包八個受け取り
〃　二十一日　弥平建築場巡視に加わる（落成まで連日）
〃　二十四日　蚕莚七〇〇枚七〇個、桑切庖丁三一個上州より到着
〃　二十五日　本日蚕室落成につき仮引き渡し、上州種蚕発生す

このように青山ご所の蚕室は宮内省が用意した設計図の下書きに、弥平の手直しのあったことが明らかである。蚕室の建設は三月三十一日の土台つくりからはじまり、四月二十五日まで二十六日間で落成にいたった。構造は梁間六間・桁行一五間で「高牀《たかゆか》ニシテ二階ナシ」（『新撰広益養蚕真法』）の平屋建て、屋根に総抜気窓を構える島村式蚕室である。

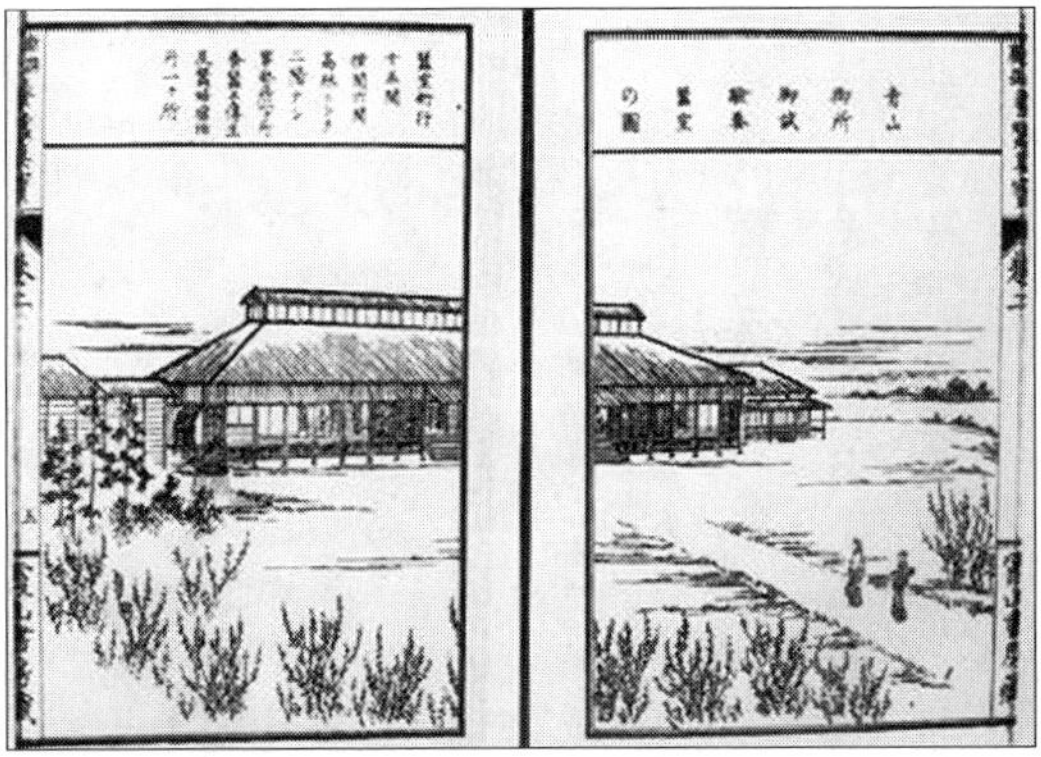

青山御所の蚕室
（田島定邦『新撰広益養蚕真法』第２巻より）

青山ご所の蚕室について『日本蚕糸業史』第一巻では、梁間五間・桁行一六間の蚕室平面図を載せ、中二階建て、階下四室、各室に大炉を二個ずつ設け飼育室とし、階上は上簇《じょうぞく》用として使用したとするが、抜気窓の言及はない。典拠によりこのように間取りや構造に異同がみられるが、「高牀」であるところから判断して、中二階の蚕室だったのであろう。青山ご所の蚕室は瓦葺きの抜気窓を構える島村式蚕室であったことは間違いなく、弥平が抜気窓を構える構造に手直ししたのであろうから、弥平の設計にかかる蚕室として差し支えないと考える。

今回の宮中養蚕奉仕者はつぎの一八人（炊事方を除く）である（『日

本蚕糸業史』第一巻)。

島村　田島弥平（差図役）　田島ませ（弥平妻）　田島平三郎　町田助吉　栗原角五郎
　藤井島太郎　田島よう　田島この　早船みよ　松波きつ
　栗原りた　町田藤　大山葭　田島藩
境町　永井さだ
熊谷町　星野たい
深谷町　飯島太一郎
伊与久村　宮崎萬太郎（炊事方　島村角永五兵衛）

華族の養蚕伝習

蚕室が落成した四月二十五日、最初の蚕児が発生し、続いて二十六日から連日にわたり掃立《はきたて》があったが、当初は弥平を中心に鴨脚などの宮内官吏、鴨脚の妻・娘、弥平の妻が養蚕に従事した。二十八日夜、先発の奉仕人男女一〇人が上京、三十日には後発の奉仕人も到着し、同日からは奉仕人全員が出務、連日の養蚕に従事した。養蚕奉仕の終日は六月二十二日で、同日に養蚕奉仕人すべてから「ご所門鑑票」が返却されている。

明治十二年四月二十五日、督部長の岩倉具視から宮内卿の徳大寺実則あてに、「今般青山ご所中ニおいて、養蚕室ご建設相成り候についてハ、厚キ　思召ヲ以テ、華族中熱心伝習志願の者ハ申し立てるべきご趣意につき、それぞれ諭達《ゆたつ》におよび候ところ、別紙人名の者願い出候あいだ、この段上申候なり」と申し入れがあり、華族養蚕伝習が実施されることになった。伝習願人はつぎの一六名で、伝習にはもちろん、青山ご所の島村式蚕室があてられた。

愛宕下町《あたごした》三丁目一番地　井上正己

井上正路（井上正己兄）
〃　西久保神谷町《にしくぼかみや》一八番地　井上正心（井上正己弟）
浅草橋場《あさくさはしば》町五九番地　松前　維《スシ》（松前信広祖母）
〃　松前　光《テル》（松前信広母）
麻布長坂《あざぶながさか》町六〇番地　京極　梅《ムメ》（京極高典長女）
芝小山《しばこやま》町一番地　黒田茂登（黒田長徳叔母）
麻布仲ノ町三番地　大久保成（大久保教義三女）
〃　大久保鎮《ツネ》（大久保教義四女）
下谷金杉《したやかなすぎ》町四五四番地　樹徳院（平野長禅祖母）
〃　萬壽《マンス》（平野長禅叔母）
小日向《こひなた》第六天町五一四番地　本多屋壽《ヤス》（本多實方生母）
湯島三組町八〇番地　伏原　愷《ヒデ》（伏原宣足母）
芝新堀《しんぼり》町三一番地　織田信成（織田信及養父）
荏原《えばら》郡白金《しろかね》村五四一番地　織田長純（織田長猷弟）
南佐久間《みなみさくま》町二丁目一番地　土方雄志（工部省出勤につき土曜午後、日曜全日）

五月一日の華族養蚕伝習の初日と翌二日には皇太后の行啓があり、二日には「華族男女へご対面仰せつけられ、養蚕ノ儀勉励いたすべきよう、婦人へハ典侍萬里小路《までのこうじ》幸子ヨリ申し渡され候こと」と激励が伝えられ、弥平から各伝習華族には、自著『養蚕新論』の寄贈があった。以降、連日にわたり華族一六名の養蚕伝習が行われた。

宮中養蚕は五月九日に一眠入り、十四日に二眠入り、十九日二眠起き、二十二日三眠入り、二十四日三眠起き、二十七日四眠入りした。二十七日からはつぎのように伝習人のうち男性華族がふたりずつ交代で蚕者休所に宿泊し、夜間の給桑などに従事するようになる。

五月	二十七日	井上正己	織田長純	三十日	土方雄志	井上正己
	二十八日	井上正路	織田信成	三十一日	織田信成	井上正路
	二十九日	織田長純	井上正心			
六月	一日	織田長純	井上正心	七日	織田長純	井上正心
	二日	井上正己	織田長純	八日	井上正路	井上正己
	三日	織田信成	土方雄志	九日	織田信成	織田長純
	四日	織田長純	井上正心	十日	織田長純	井上正心
	五日	井上正路	—	十一日	井上正路	井上正己
	六日	井上正己	織田信成	十二日	織田信成	織田長純

五月三十日に四眠起き、六月五日に最初の蚕が大眠《たいみん》に入った。その後、繭掻《まゆか》きなどの作業が行われたが、夜間の給桑は六月十二日でおわり、華族伝習は翌十三日に終了した。伝習開始からこの間、連日のように皇太后の行啓があった。

飼養のための桑は個人から買いあげたり、「権田原《ごんだはら》操練場西」の桑畑や「当ご所表門外火除地」の桑などを用いたりした。蚕室の建設に併せて植えた桑苗は、三年後の養蚕から給桑に使用できるようになる。

宮中養蚕は豊蚕のうちに完了し、六月二十日、弥平と養蚕奉仕者が群馬県島村などに向け帰郷した。

華族養蚕伝習と養蚕教師

さて、宮中養蚕が明治六年五月に皇居の炎上で中断し、同十二年に復活した理由は明らかにされていない。しかし、内国勧業博覧会が開催された明治十年を境に、養蚕の傾向は蚕種業から養蚕業に移行し、府県のなかには府県民意に応えて養蚕伝習所を設けたり、補助制度を設けたりして、豪農養蚕教師を伝習所機能の中枢に据え、養蚕業奨励の殖産興業に着手するところも現れはじめ、その移行期にあって、殖産興業の垂範を目的にもつ宮中養蚕を復活させ、養蚕教師による華族養蚕伝習を成功に導ければ、より多くの府県、より多くの農民に向け養蚕伝習を介した養蚕業奨励の垂範《すいはん》となることは明らかである。宮中養蚕の復活理由は、華族養蚕伝習を成功させることによる養蚕業奨励の垂範にあったと考える。

宮中では養蚕の復活に際し、豪農養蚕教師の代表的な存在であった田島弥平を招聘し、島村式蚕室を設け、この蚕室をいわば養蚕伝習所として、華族養蚕伝習者一六名の養蚕教師を務めさせた。のちに弥平に緑綬褒章を授与するもっとも大きな理由は、「特ニ青山ご養蚕所養蚕教師ト為リ、多量ノ繭ヲ収メ」であった。すなわち、田島弥平が授章の最大理由は、養蚕の主流が蚕種業から養蚕業へ移行する時代に、青山ご所の蚕室において華族養蚕伝習の養蚕教師となり宮中養蚕を豊蚕のうちにおわらせ、垂範の源泉となる華族養蚕伝習を成功に導いた功績にあったのである。

明治十二年の宮中養蚕における華族養蚕伝習の成功は、養蚕教師の誕生を公にせずにはおかない。

おわりに

蚕《かいこ》は気候の寒暖に敏感で、体調を崩しやすいし、もっとも恐ろしいのは養蚕中に発生するさまざまな蚕病《さんびょう》である。蚕病を予防して豊蚕を得るため、養蚕方法の資格をもつ専門家がしばしば養蚕農家を巡廻し、細やかな養蚕指導にあたった。こうした巡廻指導員などをさして、養蚕教師という。

養蚕業はかつて日本農業の主産業であり、昭和三〇年（一九五五）ごろまでは、春になると主産地の北関東地方ではどこの農村にいっても、広大な桑畑と養蚕風景をみることができた。だが、この時期からはじまる養蚕業の斜陽化は激しく、急速に衰退してしまい、いまではどこの農村にいっても養蚕をみかけることはない。だから、養蚕農家を相手に蚕育《さんいく》指導にあたった養蚕教師も同様に姿を消してしまったから、現在では、まったく忘れ去られた存在といってよいであろう。

しかし、ウェブサイトを検索してみると、養蚕教師であった人の経験談や養蚕教師から指導を受けた人の感想、地域博物館などの養蚕教師展示案内などが豊富にヒットし、養蚕教師が意外と歴史的な存在であったことに驚かされることも事実である。

養蚕教師は第二次世界大戦前までは養蚕組合や農会、産業組合など、戦後は農業協同組合などが雇用し、組合員や農会員、協同組合員の養蚕を巡廻指導させたが、かれらをさして養蚕教師と呼ぶことはむしろ少なく、実際には養蚕指導員とか巡廻指導員などと呼んでいた。日本の養蚕業がピークに達するのは昭和のはじめに起きた昭和恐慌のときだから、当該期、全国の養蚕教師の総数はおそらく数万人を数えるであろう。そして、これら養蚕教師の多くは、主に大正期（一九一二〜二六）に、各府県が一代交雑種や養蚕法などの改良と普及を主な目的として設けるようになった、蚕業試験場の講習部で養成されたのである。

それ以前の明治期（一八六八〜一九一二）には、養蚕教師を志す若者が蚕種家個人あるいは蚕種家の結社などが設ける養蚕伝習所に入所し、実際の養蚕に従事して修業を積み、教授員と呼ばれる養蚕教師となり、養蚕農家や養蚕結社、養蚕組合などの派遣要請に応じて、巡廻指導にあたるかたちが主流であった。そうした巡廻養蚕教師の養成と派遣の組織は高山《たかやま》社（群馬県）、競進《きょうしん》社（埼玉県）などがよく知られているが、東京府西多摩郡羽村《はむら》（東京都羽村市）の成進《せいしん》社もそのひとつである。

このような養蚕教師の歴史的な展開のなかにあって、それでは養蚕教師はいつごろ、どのようにして生まれたのであろうか。養蚕教師の誕生の解明こそが、本書の核心である。

江戸時代のはじめ、日本は生糸《きいと》の輸入国であった。しかし、二〇〇年以上にわたる鎖国の時期を経て、幕末に開国し、開港すると、日本は逆に生糸の輸出国に転じた。生糸の輸出国への大きな転換には製糸業を原料面で支える養蚕業の成長をみとめなければならないが、養蚕業の成長は、三大蚕種生産地の奥州《おうしゅう》信達《しんだつ》や信州《しんしゅう》上田《うえだ》、上《じょう》州《しゅう》島《しま》村をはじめ、国内に多数形成された優良蚕種業地の下支えがあってのことである。幕末から明治維新にかけて、これら蚕種業地には優良蚕種の生産と供給を担う養蚕技術に長けた蚕種家が多数存在していた。

当期、フランスやイタリアをはじめ欧州の生糸国は蚕病の蔓延に苦しみ、生糸に加えて優良な蚕種も日本に求めたから、蚕種の輸出も生糸につぐほどに増大した。しかし、生糸の源泉である蚕種の過大な国外流失は、国内養蚕業、生糸の生産減少につながりかねないし、さらに、粗悪な蚕種や不正な蚕種が出廻るようになり、深刻な外交問題に発展した。

蚕の特性に根ざす粗悪品の摘発には、特性をよく知る蚕種家の鑑定眼を必要とし、過大な流失を防止するためには、全国の蚕種業地で生産に従事する蚕種家の協力を必要とする。そこで、明治維新政府は明治五年（一八七二）六月、「蚕種製造規則」を改正して蚕種大惣代《だいそうだい》制を定め、蚕種家の代表者をして大惣代あるいは世話役に任じ、かれらをして国用充備や粗悪品問題に対処させたのである。明治六年四月段階で、全国四二府県に、大惣代が五一人（うち副一一人）、世話役は五一八人の規模に達した。

いっぽう、明治五年改正の「蚕種製造規則」には「養蚕教諭規定」があり、大惣代・世話役をして、養蚕技術に未熟な農民などに養蚕方法を教諭したり、河川流域の桑畑開発を教諭したりする、養蚕教師の役割を付与する内容に満ちていた。「養蚕教諭規定」は、同年開業の富岡製糸場と深くかかわる。

明治五年十月、明治維新政府はみずからすすめる殖産興業として、群馬県富岡町に富岡製糸場《とみおかせいしじょう》を開業させる。同場は工女の伝習を通して、近代的な製糸法の全国的な普及を図る、製糸奨励の目的をもった。いっぽうで、富岡製糸場は大規模な器械製糸工場であったから、原料の繭《まゆ》を膨大かつ恒常的に必要とし、近代的な製糸法が各地に広まれば必要性は全国的な規模にまでなる。当然、養蚕農民や桑畑などの養蚕基盤を全国的に拡大させる殖産興業が課題となる。そこで、維新政府は五年六月、改正「蚕種製造規則」の「養蚕教諭規定」により、大惣代や世話役に養蚕教師の役割を与え、養蚕基盤の拡大を図る原動力と位置づけて、養蚕を奨励する殖産興業としたのである。

そして、このころから、蚕種家がもつ蚕室や宮中、あるいは士族や農民を相手に養蚕教諭にあたる者をさして、養蚕教師と呼ぶようになる。すなわち、養蚕教師の誕生だ。

蚕種大惣代制の淵源は、明治三年七月、民部省・大蔵省の「蚕種製造規則」で定めた蚕種世話役制である。蚕種世話役にも、養蚕教諭の役割が付与されていた。蚕種世話役制も、蚕種大惣代制も、その成立を主導したのは大蔵官僚の渋沢栄一《しぶさわえいいち》である。渋沢が「蚕種製造規則」の調査立案に着手するのは、三年五月からで、同じ五月、渋沢は富岡製糸場主任となり、維新政府が直接支配する岩鼻《いわはな》県で、富岡製糸場の創設を主導する立場についたのである。この一致は偶然ではあるまい。すなわち、富岡製糸場による製糸奨励と、養蚕教師の役割を付与して養蚕基盤の拡大を図る養蚕奨励と、対をなす殖産興業に位置づけたのは渋沢栄一だったのである。したがって、養蚕教師を誕生させたのも、渋沢ということになる。養蚕教師は自然発生的に生まれたのではなく、明治維新政府の殖《しょく》産《さん》興《こう》業《ぎょう》により政策的に誕生をみたのである。

渋沢栄一がもつ器械製糸の知識は、パリ万博や欧州遊学中の知見が最初であろう。渡欧時の渋沢は機械制の織物工場や軍器の生産工場など、近代科学文明の成果を吸収するに旺盛であった。また、渋沢の養蚕知識は血《ち》洗《あらい》島《じま》村の生家が養蚕をやり、伯父にあたる渋沢宗助《そうすけ》が『養蚕手引抄』を著すほどの有力蚕種家であり、血洗島村を含め周辺一帯が蚕種盛業地であったところから、自然と身につけることができたと考える。しかし、その程度の知識で製糸と養蚕の対をなす殖産興業を構想できる、と考えることは早計に過ぎよう。この対をなす構想には、渋沢のもとに形成された蚕業人脈が深くかかわっていた。

尾高惇忠《おだかあつただ》は血洗島村に隣接する下《しも》手《て》計《ばか》村の出身、渋沢の従兄にあたり、渋沢とは尊王攘夷運動をともに闘った同志である。尾高は宗助の『養蚕手引抄』出版を手伝ううちに、養蚕知識を習得したとされるが、みずからの研鑽によっても蚕糸業に精通した。尾高は慶応元年（一八六五）、上州島村の有力蚕種家田《た》島《じま》弥《や》平《へい》らとともに、岩鼻代官所に奥州蚕種本場商人による商売独占反対を訴え出たほど、島村の蚕種業にも精通していた。

上州島村は武州血洗島村の直ぐ近く、大河利根川のほとりにある。島村では田島弥平が長い研鑽の末に、文久三年（一八六三）、総抜気窓蚕室と吹き抜け構造の二大蚕室を完成させ、これに桑拓園と命名、清涼育完成の宣言とした。

元治元年(一八六四)に蚕種輸出が解禁となると、以降、明治維新にかけて、島村では養蚕農民から転じる蚕種家が急増、自村製蚕種の輸出も急伸し、未曾有の蚕種景気に沸き立ち、弥平の清涼育《せいりょういく》とその帰結的構造の抜《ばっ》気窓《きそう》を構える蚕室《さんしつ》も急速に広がった。抜気窓を構える農家が島村中に広がった村姿が、抜気窓蚕室をさし、島村式蚕室と呼ぶ由縁となったのである。

明治元年六月、岩鼻県が上野国《こうずけ》および武蔵国《むさし》北部六郡の七八万石あまりのうち、旧幕府領四〇万石あまりを接収して成立した。県域は上野国南部と武蔵国六郡に集中し、蚕種と繭、生糸の生産が盛業な地域に属し、富岡は繭と生糸の一大集散地であった。廃藩置県にさき立つ府藩県三治の時代、島村はこの岩鼻県に属し、血洗島村や下手計村は半原藩《はんばら》に属したが、蚕種・養蚕など経済圏をまったく同じくしていた。

明治二年四月、岩鼻県は田島弥平の清涼育を県内の養蚕農民に勧奨した。同県玉井《たまい》村の有力蚕種家鯨井勘衛《くじらいかんえ》は、同年、吹き抜け構造の一大蚕室を設けこれに元素楼《げんそろう》と命名、弥平の清涼育を実践に移した。

明治元年十一月、欧州から帰国した渋沢栄一は、ただちに旧主徳川慶喜《とくがわよしのぶ》に仕えて静岡藩士となり、商法会所を立ちあげる。商法会所事業が同藩の殖産興業であることは、渋沢が静岡藩に呼び寄せた尾高惇忠の役名「静岡藩勧業附属」が立証となる。

明治二年七月の版籍奉還《はんせきほうかん》では、民部省と大蔵省を合併させ、財政権、殖産興業の諸事業を集中させて、集権のトップに立ったのが大蔵大輔大隈重信《おおくましげのぶ》であった。しかし、大隈の通商司《つうしょうし》を介した蚕種の輸出規制、蚕種貿易独占の企図は、同年十月、失敗が明らかとなる。その十月、静岡藩士の渋沢栄一が大隈により大蔵省に招請され、十一月、民部省租税正に任官、直後に改正掛長《かいせいかかりちょう》を兼務する。渋沢の任官にはさまざまな理由が考えられるが、第一の理由が静岡藩でたちまちのうちに成功に導いた殖産興業の推進力にあったことは、渋沢を登用した大隈が維新政府の殖産興業を主管する合併省のトップにあったことが立証となる。

合併省の渋沢栄一のもとで、洋式器械製糸工場の創設が決定するのは、任官直後の十二月ごろである。翌三年二月、渋沢は在留仏人ヂブスケなどを介し、仏人ブリュナを雇い入れ、いっぽうで、養蚕方法書により、洋式器械製糸工場の創設と、器械製糸法の伝習方式による製糸奨励を明らかにした。同年五月、渋沢が富岡製糸場主任につく。わずか三か月にして、器械製糸場の創設地が岩鼻県の繭の一大集散地富岡に決まったのである。

養蚕方法書の頒布と同じ三年二月、尾高惇忠が岩鼻県の備前堀《びぜんぼり》つけ替え計画反対急訴をきっかけに、民部省に任官した。もちろん、富岡製糸場の創設を主導する渋沢の後ろだてがあってのことである。尾高はすぐさま器械製糸工場の創設地選定に、お雇い外国人ブリュナとともに従事する。尾高は創設地選定にあたり、自身の出身地下手計村と経済圏を同じくし、慶応元年、ともに岩鼻代官所に訴え出て勝利を得、研鑽を積んで得た清涼育と島村式蚕室が岩鼻県にみとめられることで、岩鼻県の蚕業リーダーとなった田島弥平に、選定の協力を求めたであろうことは、当然と思われる。これには三年十一月、富岡製糸場の敷地調査などの帰途、尾高の先導によりブリュナらの島村式蚕室から渋沢生家行の事実が立証となる。

すなわち、民部・大蔵の合併省に富岡製糸場の立案者として渋沢栄一がおり、そのもとで器械製糸工場の創設地選定にあたる渋沢の同志で民部官僚の尾高惇忠がおり、そして、尾高の同志で岩鼻県の蚕業リーダーである田島弥平がいて、このいわば同郷の三人が結ぶつくとき、明治三年五月、維新政府が直接支配し、繭の一大集散地で原料繭の容易な確保が可能な岩鼻県富岡に、先進器械製糸工場の立地を定めたのはむしろ必然であった、と考える。

富岡製糸場は創設を公表したときから、器械製糸法は伝習方式により国内に広める製糸奨励の殖産興業を明らかにしていた。先進製糸法の普及は当然、全国規模の原料繭需要を必至とするから、養蚕の奨励がつぎの課題と

表17　島村式蚕室の開設地

開設年月	蚕室開設地	養蚕教師
明治8年4月	山形県松ヶ岡開墾場(鶴岡市)	田島弥平　田島武平
〃　　〃	北海道酒田桑園(札幌市)	田島定邦
〃 9年5月	栃木県延島新田(小山市)	田島弥平　田島武平
〃　　5月ころ	〃　柳林村(真岡市)	福田彦四郎
〃 12年4月	青山ご所(東京都千代田区)	田島弥平

なる。

　そこで、渋沢栄一は富岡製糸場主任についた三年五月から、蚕種製造規則の調査、立案をはじめ、同年八月、蚕種製造規則を定めて「養蚕教諭規定」を設け、養蚕技術に長けた蚕種家の代表を蚕種世話役に任じ、かれらに養蚕教師の役割を与えて、養蚕基盤拡大の原動力と位置づけ、養蚕を奨励、製糸奨励と対をなす殖産興業としたのである。「養蚕教諭規定」の策定にも渋沢の蚕業人脈が機能したであろうことは、その後の島村蚕種家を養蚕教師とする各地の養蚕開発が立証することになる。

　維新政府は明治四年七月、廃藩置県を断行し、中央集権を実現させた。翌五年六月、蚕種大物代制が成立、同十月、富岡製糸場が開場し操業を開始する。このころから、田島弥平の独創にかかる島村式蚕室が東京や栃木県、遠く山形県、さらに遠い北海道などに、弥平の清涼育とともに広がって行く。これを蚕室開設年順に示すと表17のようになる。

　各地の養蚕開発理由は、山形県が士族授産、北海道が屯田兵《とんでんへい》授産、栃木県が殖産興業、青山《あおやま》ご所《しょ》が養蚕垂範《すいはん》である。もちろん、大規模な養蚕開発には、蚕室の開設にさき立ち蚕の飼養には絶対的に必要な桑畑開墾がともない、桑は栽植後三年で養蚕に堪えられるように成長する。したがって、蚕室開設の三年前から桑畑開墾がはじまる。大規模な養蚕開発をともなわない青山ご所を別とすれば、これら各地が養蚕開発に着手する時期は、富岡製糸場が開場し、蚕種大物代制が機能しはじめるころと一致する。そして、各地の養蚕開発で養蚕法や桑の栽植を直接あるいは間接に教諭した養蚕教師は、大物代や世話役の経験をもつ有力な蚕種家で占められた。ここには維新政府が意図した、大惣代や世話役に養蚕教師の役割を与え、養蚕基盤の拡大を図る養蚕奨励の実現があるといえよう。

養蚕には蚕種生産のための蚕種家による養蚕と、生糸生産のための養蚕農民による養蚕と、ふたつある。明治十年の第一回内国勧業博覧会を転機として、養蚕の主流は蚕種業から養蚕業に傾斜する。

養蚕技術において後発に属する府県では、農民の「養蚕開業」の要望などに応え、府県会の協賛を得て、養蚕伝習所を設け、殖産興業施設とするところが相ついだ。その際に、養蚕伝習所で技術的に未開な授業生の農民などを相手に蚕の飼養技術を教える養蚕教師は、いずれの後発府県も、江戸時代から養蚕が盛んで、高度な蚕育技術をもつ群馬・福島・長野・埼玉に求めている。これら諸県のなかでも技術的な最先進地と目されるところは、群馬県では佐位《さい》郡島村、福島県は信達地方、長野県は小県《ちいさがた》郡上田《うえだ》地方、埼玉県は旧入間《いるま》県域（武蔵国六郡）の蚕種盛業地であった。

そして、これら蚕種盛業地で直接的に招聘《しょうへい》を受け、あるいは養蚕伝習生受け入れなどの間接的な方法で、後発県の求めに応じ養蚕教師となったのは、田島弥平や武平《ぶへい》、管野平右衛門《すがのへいえもん》、藤本善右衛門《ふじもとぜんえもん》ら、かつて蚕種大惣代や世話役の経験をもつ有力な蚕種家たちであった。

蚕種家の経営は桑拓園《そうたくえん》に明らかなように豪農《ごうのう》経営であり、有力ならばなおさらのことである。蚕種大惣代や世話役につらなる養蚕教師は、豪農養蚕教師といえよう。すなわち、養蚕の主流が蚕種業から養蚕業に移行する時代にあって、府県の殖産興業に応え養蚕伝習所などで養蚕技術を伝える主体となったのは、養蚕業が主流となる前とまったく同様、豪農養蚕教師だったのである。

高山長《たかやまちょう》五郎《ごろう》の高山社は明治十七年三月の結成、同年には養蚕伝習所を設け、養蚕教師の養成をはじめた。ついで弟の木村九蔵《きむらくぞう》が同年十一月競進社を結成、翌十八年から社中に設けた養蚕伝習所で、養蚕教師の養成をはじめた。両社が養成する養蚕教師の特色は、個々の農民のあいだを何度も巡廻しながら養蚕の指導にあたる巡廻養蚕教師にあり、同期に輩出する養蚕結社の先駆となり、代表的存在となった。巡廻養蚕教師は明治二十年代以降、豪農養蚕教師にかわり養蚕教師の主体となった。この変転は養蚕業に豪農養蚕教師を必要としない新たな展開があったからで、つぎの課題は、豪農養蚕教師から巡廻養蚕教師の変転を解明することにある。

最後に、蚕種大惣代制や同制度がもった養蚕奨励に言及のある文献などはまことに少なく、ましてや養蚕教師に触れるものは皆無といってよい。その意味では養蚕教師誕生の解明をめざす本研究は、ひとつの試論を提示するといえる。試論の域を脱することができるかどうか、大方の叱正を願いたい。

主な参考文献

自稿「第二次大戦前府県蚕業試験場と養蚕教師」(『地方史研究』一九八号　一九八五年)、「明治初期地方蚕業開発と養蚕教師―群馬県佐波郡島村田島弥平の事蹟を中心に―」(『地方史研究』二一二号　一九八八年)、「江戸時代後期玉川中流域の織物生産と流通」(『多満自慢石川酒造文書』三巻　霞出版　一九八八年)、「明治期養蚕社会の技術伝播の主体―東京府西多摩郡の成進社を中心に―」(『近世多摩川流域の史的研究(第二次研究報告)』一九九四年)、「蚕種印紙税の執行と蚕種大惣代制」(税務大学校税務情報センター租税史料室『租税史料年報』平成二〇年度版　二〇〇九年)、「富岡製糸場の創設地論考」(中央大学人文科学研究所『人文研紀要』六八号　二〇一〇年)

大蔵省内明治財政史編纂委員会『明治財政史』一巻(明治財政史発行所　一九二六年)

渋沢栄一「立会略則」(『明治文化全集』九巻　経済篇　日本評論社　一九二九年)

吉川秀造『士族授産の研究』(有斐閣　一九三五年)

藤本実也『開港と生糸貿易』中巻(刀江書院　一九三九年)

農林省『農務顛末』三巻(一九五五年)

渋沢青淵記念財団竜門社『渋沢栄一伝記資料』二巻、三巻(一九五五年)

高橋幸八郎・古島敏雄編『養蚕業の発達と地主制』(御茶の水書房　一九五八年)

庄司吉之助『近世養蚕業発達史』(御茶の水書房　一九六四年)

藤村通「通商司の政策」(『経済論集』一一号　一九六八年)

石塚裕道『日本資本主義成立史研究』(吉川弘文館　一九七三年)

奥原国雄『本邦蚕書に関する研究―日本古蚕書考―』(井上善治郎　一九七三年)

佐々木克『戊辰戦争』(中公新書　一九七七年)

毛利敏彦『明治六年政変の研究』(有斐閣　一九七八年)

大蔵省「大蔵省沿革志　上・下」(『明治前期財政経済史料集成』二巻、三巻　原書房　一九七八―七九年)
大蔵省「歳入歳出決算報告書」上巻(『明治前期財政経済史料集成』四巻　原書房　一九七九年)
高杉うめ「官営札幌養蚕場考」(『歴史研究』二五九号　一九八二年)
田島豊穂「蚕室建築に及ぼした養蚕指導書の影響―明治・大正期の伊勢崎・佐波地方を中心にして―」(『群馬県立歴史博物館紀要』四号　一九八三年)
荻野勝正『尾高惇忠』(さきたま出版会　一九八四年)
山添直・久保威夫編訳『黒埼研堂庄内日誌』一巻(黒埼研堂庄内日誌刊行会　一九八四年)
宮崎俊弥「蚕種輸出の盛衰と島村勧業会社」(『内陸の生活と文化』雄山閣　一九八六年)
土屋喬雄『渋沢栄一』(吉川弘文館　一九八九年)
丹羽邦男『地租改正法の起源―開明官僚の形成―』(ミネルヴァ書房　一九九五年)
松尾正人『維新政権』(吉川弘文館　一九九五年)
金井忠夫『利根川の歴史―源流から河口まで―』(日本図書刊行会　一九九七年)
毛利敏彦『明治維新政治外交史研究』(吉川弘文館　二〇〇二年)
落合延孝「武州一揆の史料紹介―森村新蔵「享和以来新聞記」より―」(『群馬大学社会情報学部研究論集』一〇巻　二〇〇三年)
桜井昭男「文政・天保期の関東取締出役」(関東取締出役研究会編『関東取締出役―シンポジウムの記録―』岩田書院　二〇〇五年)
新井慎一ほか編『渋沢喜作書簡集』(深谷市郷土文化会　二〇〇八年)

蚕糸業史・自治体史など

『福井県物産誌』(一九〇二年)
『群馬県蚕糸業沿革調査書』(一九〇三年)
『富山県蚕業沿革史』(一九〇九年)

『愛知県史』上巻（一九一四年）
『石川県蚕業沿革史』（一九一六年）
『群馬県佐波郡誌』（一九二四年）
『三丹蚕業郷土史』（一九三三年）
『日本蚕糸業史』一巻、二巻、三巻（一九三五年）
『群馬県蚕糸業史』下巻（一九五六年）
『埼玉県蚕糸業史』（一九六〇年）
『横浜市史』二巻（有隣堂　一九五九年）、三巻　上（一九六一年）
『岐阜県史』通史編　近代上（一九六七年）、史料編　近代三（一九九九年）
『富岡製糸場誌』上（一九七七年）
『内務省史』一巻（一九七一年）
『八尾町史　続』（一九七三年）
『群馬県歴史』三巻（一九七四年）
『新北海道史』三巻　通説二（一九七一年）
『鶴岡市史』中巻（一九七五年）
『宮城県蚕糸業史』（一九八二年）
『栃木県史』通史編六　近現代一（一九八二年）
『霊山町史』一巻　通史（一九九二年）、三巻　近代（上）資料二（一九八三年）
『山形県史』四巻　近現代編上（一九八四年）
『越中五箇山平村史』上巻（一九八五年）
『京都府蚕糸業史』（一九八七年）
『小山市史』通史編三　近現代（一九八七年）
『新編埼玉県史』通史編五　近代一（一九八八年）

『群馬県史』通史編五　近世二（一九九一年）、通史編八　近代現代二（一九八九年）
『境町史』三巻　歴史編上（一九九六年）
『日の出町史』通史編　下巻（二〇〇六年）

本書に引用の史料所蔵機関

国立国会図書館　国立公文書館　群馬県立文書館　福島県立図書館　岐阜県歴史資料館
北海道立文書館　熊谷市立図書館　横浜開港資料館

あとがき

ある一日、住まいのある東京都多摩市からナビのシステムを頼りに愛車を駆って、かつて北関東の「岩鼻県《いわはな》」とその隣接地に広がっていた、養蚕教師の故郷を訪ねてみることにした。

最初は養蚕教師の発祥の地だ。東京方面から群馬県伊勢崎《いせさき》市へ向け車を走らせ、目的地が近づくと、県境の利根川がまだみえないのに埼玉県から群馬県に入り、そこが「岩鼻県島村《しま》」である。そのまま走らせると直《す》ぐに、利根川の長い南堤が大空の下限を左右一線に区切る広大な遠景が待ち受けていた。遠く南堤をみつめる視線をぐるりと反転させるとそのさきに、文久三年（一八六三）、田島弥平《たじまやへい》が桑拓園《そうたくえん》を開園して清涼育《せいりょういく》完成の宣言とした、そのときと同様の蚕室が建っていた。屋根には弥平が「余の発明」と自負した総抜気窓を構え、島村式蚕室そのものである。

弥平はここで山口県、酒田《さかた》県など多数の士族と多くの農民を相手に、村外の宮中でも、養蚕教師となり、栃木県下の鬼怒川《きぬがわ》沿いでは養蚕教師として、養蚕場の開発にも従事した。さらに、養蚕の主流が養蚕業に移行する明治十年（一八七七）以降には、桑拓園を実質的な養蚕伝習所とし、各府県の勧業課などが殖産興業のため派遣する伝習生の養蚕教師となり、養蚕業の奨励に貢献、かつ青山《あおやま》ご所《しょ》の島村式蚕室では垂範《すいはん》の源泉となる華族養蚕伝習の養蚕教師を努め、成功に導いた。

また、弥平が案出した清涼育の帰結的構造である島村式蚕室《さんしつ》は、弥平らの養蚕教師を原動力に得て、島村やその近郊の村むらはもちろん、栃木県の下都賀《しもつが》郡延島新田《のべしましんでん》、芳賀《はが》郡柳林《やなぎばやし》村、山形県の松ヶ岡《まつがおか》開墾場、北海道札幌《さっぽろ》の酒田《さかた》桑園周辺、東京の青山ご所などに、伝播していったのだ。
島村式蚕室は居宅をかねる特色がある。だが、眼前の蚕室がすでに現役を退いていることは指摘するまでもない。ただ、田島家の門前からほんの少し前方の車道の傍らに、明治二十七年刻石のひし形がかった「南畬田島翁養蚕興業碑」が建ち、弥平の果たしたさまざまな功績を伝えている。さらに、同碑の直ぐ前には、『養蚕新論』の版木《はんぎ》が境《さかい》町時代に町の重要文化財に指定されたことを告げる白い標柱と、版木に関する小さな説明板が並び建ち、弥平の顕彰としている。

しかし、明治三年十一月、富岡製糸場の敷地調査などをおえたのち、民部省庶務少佑にすすんだばかりの尾高《おだか》惇忠《あつただ》が先導し、お雇い外国人ブリュナも見渡したにちがいない、利根川《とねがわ》沿い一帯に大きく広がっていただろう養蚕場の風情は、面影のひとつも残してはいない。ただかつては桑樹の海原だったにちがいない一隅に、昭和六十三年（一九八八）にいたり建立された台座をもつ横長な黒石碑「島村蚕種業績之地」に、往時を偲ぶしかない。

辿ってきた道筋を反転して東京方面に車を走らせるとわずかにして、埼玉県深谷《ふかや》市の「半原《はんばら》藩下手計《しもてばか》村」にある尾高惇忠の生家に着いた。生家に対面して尾高の号名「藍香《らんこう》」を用いた標示板が建つ。

尾高惇忠は渋沢栄一《しぶさわえいいち》の論語と書道の師匠であり、尊王攘夷運動の同志でもある。尾高は慶応元年（一八六五）、旧知の田島弥平とともに岩鼻代官所に蚕種商売の独占反対を訴え出て勝利を得た。明治二年春、尾高は静岡藩におもむき「静岡藩勧業附属」となり、藩士渋沢の商法会所事業を支えた。翌三年二月には岩鼻県下の備前堀にかかわる急訴をきっかけに、さきに任官した渋沢の後だても得て民部官僚に登用される。ついで同年閏十月、民部省庶務少佑にすすみ、富岡製糸場創設の実務を担当、また同時期、渋沢が推挙した田島武平の宮中養蚕教師を実現に導いた。さらに、五年十月、富岡製糸場が開業すると初代場長《じょうちょう》に就任し、大蔵官僚渋沢の殖産興業を支えたのである。すなわち、尾高は渋沢と島村の田島両人を結ぶ産業人脈の結節点にいた人物であった。

しかし、尾高が塾とし尊王攘夷の会合に用いた瓦葺《かわらぶ》き二階建ての生家と、対面して立つ藍香標示板の藍色からは、尾高が蚕糸業上で果たした多くのはなばなしい業績に想いをおよぼす難しさを覚える。

尾高の生家から西へ車を転じて直ぐに、渋沢栄一の生地、深谷市の「半原藩血洗島村《ちあらいじま》」に着く。渋沢の生家は、江戸時代から、「中《なか》んち」が通称である。渋沢は少年期、ここから尾高惇忠の塾に通い、論語を学び、書を学んだ。長じては縁者であり有力蚕種家である田島武平を通して、さらに、師匠でもあり尊王攘夷の同志でもある尾高惇忠を通して、またみずからの実見でも、自家の間近の利根川沿いに、島村式蚕室を考案し清涼育を主唱する田島弥平を知るにいたる。大蔵官僚時代の渋沢は弥平・武平ら島村蚕種家の並み優れた養蚕技量を殖産興業に生かすため、明治三年七月、蚕種世話役制を定め、ついで五年六月には蚕種大惣代制を結実させ、かれらをして養蚕教師の役割を与え、養蚕奨励の原動力に位置づけようとしたのではなかったか。

渋沢の生家は、いまでは多くの人が訪れる観光名所となっている。屋根に構える総抜《そうばつ》気窓《きそう》は創建時の桑拓園と同形、島村式蚕室である。現在の屋敷自体は明治二十五年の改築にかかるとされるが、全体の構造は改築前とほぼ同じだという。一見して、明治・大正実業界の大御所を輩出したと思えない養蚕農家の風情であるが、それ以外、養蚕教師生みの親を偲ばせるものは何もない。

血洗島から西方へ群馬県富岡市を目指し一時間ほども車を走らせ、「岩鼻県富岡町」の富岡製糸場に着いた。同場は明治五年（一八七二）、殖産興業の模範とするため維新政府が創設した近代的な大規模器械製糸場である。明治二十六年三井へ払い下げ後は二度にわたり経営主をかえ、昭和六十二年（一九八七）、片倉製糸会社は一一五年にわたる製糸の操業をおわらせた。

赤レンガを基調とする繰糸工場などの外観は、創建時のままであるという。その赤レンガ工場のもつ偉容さが平成十九年（二〇〇七）、世界遺産暫定リストに登録せしめ、いまでは観光の人びとが引きも切らない。入場門から歩をすすめるとき誰もがまっさきに目に止めるのが、赤レンガ工場を後景におき「富岡製糸場行啓記念碑」と刻む、昭和十八年（一九四三）建立の大碑である。

富岡製糸場の創設を主導したのはいうまでもなく、明治三年二月、養蚕方法書で洋式器械製糸の導入を公にし、ついで同年五月、富岡製糸場主任となった民部官僚、のちに大蔵官僚となる渋沢栄一である。同場がもつ原料繭の大量消費という近代的な生産特性が、渋沢をして原料繭の持続的な確保のため、養蚕農民や桑畑などの養蚕基盤拡大という養蚕奨励を構想させた主因にちがいない。

明治五年二月、大蔵少輔にすすんだ渋沢は同年六月、蚕種製造規則を改正して蚕種大惣代制を成立させ、大惣代をして養蚕奨励を主体的に担う養蚕教師に位置づけた。そして、大惣代制の淵源が三年七月の蚕種製造規則による蚕種世話役制にあり、租税正兼改正掛長の渋沢がその調査立案に着手するのも、富岡製糸場主任となる同じ三年五月だったことを想起しないわけにはいかない。すなわち、養蚕教師誕生のきっかけを形成したものこそ、富岡製糸場の創設だったのである。

渋沢は明治六年正月、全国大惣代会議の直前に来富し、前年十月に開業してまだ間もない富岡製糸場を視察した。事前に示し合わせていた通りすでに同場には、蚕種大惣代であり、養蚕教師のひとりでもある鯨《くじら》井《い》勘衛《かんえ》が待ち受けていた。渋沢が養蚕教師の生みの親であり、鯨井が養蚕教師であることなど、当のふたりに自覚があったかどうかは推しはかるしかすべはないが、ふたりが養蚕教師誕生のきっかけを形成した富岡製糸場に相見え、どのような感慨を抱いたのかも、創建したときの偉容さそのままを伝える赤レンガ工場を前に、遠く想いを馳せるしかない。

富岡製糸場をあとにして再び東京方面へゆっくり一時間半ほども車を走らせると、埼玉県熊谷市の旧中仙道《なかせんどう》沿いにある、「岩鼻県玉井村」の鯨井邸に着く。ここで明治五年、鯨井勘衛はみずからの用務の日誌に「養蚕教師」

と記したが、この用語はおそらく国内最初の使用例に属すであろう。

田島弥平が唱え、岩鼻県が勧奨の清涼育を実践する場として、鯨井勘衛が明治二年に創建した吹き抜け構造の大蚕室元素楼《げんそろう》には、明治六年六月、英昭皇太后、昭憲皇后の両宮が富岡製糸場行啓の還御に際し、親臨を賜わられた。養蚕奨励の垂範として元素楼への民間養蚕行啓を推輓できる人物こそ、同年五月、よぎなく官途を去った渋沢栄一をおいてほかにはいない。そして、渋沢のいまひとつの真意が両宮の親臨を実現させて、入間県蚕種大惣代として、かつ全大惣代の中心ともなり、蚕種の国用充備、蚕種印紙税の執行、粗悪品蚕種の取り締まり、養蚕検査表の配付、一国限り優等蚕種鑑定など、重責を遂行し続けてきた鯨井勘衛に「名誉を贈る」にあったとするのは、あながち間違ってはいないと考える。元素楼行啓の誉れから一年ののち、内務省のもとで蚕種大惣代制に機能廃絶の危機が差し迫るころ、鯨井勘衛が永久の別れを告げた、享年四十四歳。

その後、元素楼の建物は解体され、「本畠村小学校」の校舎として移築したところから、両宮親臨の場をみとめる手立てはすでに失われている。ただ昭和十一年（一九三六）にいたり、遺族らにより、小さな道をあいだにおいて鯨井邸と対面するように建てられた、薄い赤色をおびる石製「行啓記念碑」だけが、蚕種大惣代として鯨井勘衛の成し遂げた偉業を伝えている。

こうして訪ねた養蚕教師の故郷はすべて、「望郷のかなた」にあったといえよう。

しかしながら、鯨井勘衛がしたためた用務の日誌を見出すことができなかったなら、岩鼻県の蚕業政策、蚕種世話役制、蚕種大惣代制の成立と大蔵官僚渋沢の主導ぶり、入間県の蚕種大惣代制、さらには養蚕教師の誕生さえも、立証することは不可能であったと考える。用務の日誌を収める「元素楼養蚕関係文書」は現在、熊谷市立図書館が所蔵する。その撮影と利用を許されたのはいまから二〇年近くも前のことで、長い本当に長い歳月が経ってしまった。ここに長きにわたる無礼を詫びつつ、記して感謝申しあげたい。

長い歳月が経ってしまったのに理由のないわけはないが、体調不全のため心身ともに重い苦海に長く煩悶した。そんななか、懸命に支え続けてくれた妻に感謝を込めて、本書を第一に捧げたい。

昨年の二月から今年一月の一か年も満たないあいだに、大切な長兄と次兄を病のため相ついで失った。私が歴史を学ぶ原点を形成してくれた二人、突然で、お礼を伝える間もなかったことが残念でならない。だから、本書を捧げてお礼にかえたい。

二〇一一年五月

鈴木芳行

著者略歴
一九四七年　新潟県に生まれる
一九七四年　中央大学文学部史学科国史学科卒業
一九七八年　中央大学大学院修士課程文学研究科
　国史学専攻修了
現在　中央大学非常勤講師
〔主要著書・論文〕
『近代東京の水車』（岩田書院、一九九四年）
「空都多摩の誕生」（松尾正人『近代日本の形成と地域社会』岩田書院、二〇〇六年）
「所得税導入初期の執行体制」（『税務大学校論叢』五一、二〇〇六年）

蚕《かいこ》にみる明治維新
渋沢栄一と養蚕教師

二〇一一年（平成二十三）九月二十日　第一刷発行
二〇一三年（平成二十五）四月　一日　第二刷発行

著　者　鈴《すず》木《き》芳《よし》行《ゆき》

発行者　前田求恭

発行所　株式会社 吉川弘文館
郵便番号一一三―〇〇三三
東京都文京区本郷七丁目二番八号
電話〇三―三八一三―九一五一（代）
振替口座〇〇一〇〇―五―二四四番
http://www.yoshikawa-k.co.jp/

印刷＝藤原印刷株式会社
製本＝ナショナル製本協同組合
装幀＝岸　顯樹郎

ISBN978-4-642-08063-7

日本農業史

木村茂光編

四六判・四三〇頁・原色口絵四頁／三九九〇円

農耕の始まりから現代まで、多様で豊かに発展した日本農業の歴史を、開発や経営、技術・農具、稲の品種、畠作の種類、減反など、分り易く解説。旧来の農業史観に新視覚を提供し、自給率四〇％時代の農業に一石を投じる。

日本衣服史

増田美子編

四六判・四四四頁・原色口絵四頁／四二〇〇円

人はなぜ衣服を着るのか？　縄文時代から現代まで、あらゆる人々の服装や流行などの変遷を最新の研究成果でたどる。歴史に果たした衣服の役割と、その中で生きた人たちの心の表現にもふれた、魅力的で新しい衣服史。

日本女性史

脇田晴子・林　玲子・永原和子編

四六判・三一六頁／二三一〇円

女性だけの共同執筆による初の日本女性史。原始から現代にいたるそれぞれの時代に生きた女性の姿をリアルに描き出し、女性の労働への役割分担や地位の変化、意識の変遷や女性観を跡付け、今後の新たな課題を問いかける。

（価格は５％税込）

吉川弘文館